PUBLICATION DE LA RÉUNION DES OFFICIERS

NOTES
SUR
L'ORGANISATION DE L'ARMÉE
PENDANT LA RÉVOLUTION

1 AOUT 1789. — 8 BRUMAIRE AN IV (30 OCTOBRE 1795)

PAR

M. HENRI CHOPPIN
LIEUTENANT AU 3e DRAGONS

PARIS
CH. TANERA, ÉDITEUR
LIBRAIRIE POUR L'ART MILITAIRE ET LES SCIENCES
Rue de Savoie, 6.

1873

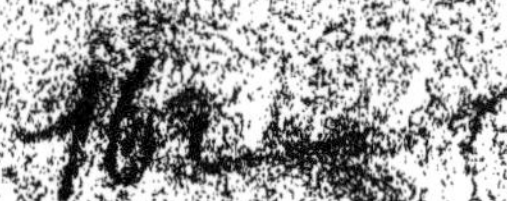

NOTES

SUR L'ORGANISATION DE L'ARMÉE

PENDANT LA RÉVOLUTION

PUBLICATION DE LA RÉUNION DES OFFICIERS

NOTES

SUR

L'ORGANISATION DE L'ARMÉE

PENDANT LA RÉVOLUTION

4 AOUT 1789. — 8 BRUMAIRE AN IV (30 OCTOBRE 1795).

PAR M. HENRI CHOPPIN

LIEUTENANT AU 3e DRAGONS

L'histoire que presque tous nous appelons l'histoire de France, n'est réellement qu'une histoire militaire de la France.

(MONTEIL.)

L'armée est un corps composé de légions, de troupes auxiliaires et de gens de cavalerie pour faire la guerre.

(VÉGÈCE.)

Aucun État ne peut être en repos, ni repousser les injures, ni défendre les lois, la religion et la liberté sans armées.

(MONTECUCULLI, *Mémoires.*)

PARIS

CH. TANERA, ÉDITEUR

LIBRAIRIE POUR L'ART MILITAIRE ET LES SCIENCES

Rue de Savoie, 6

—

1873

AVANT-PROPOS

Nul Français n'est censé ignorer la loi, et, malgré cet article fondamental de nos droits et devoirs, combien de citoyens ne vivent-ils pas tranquillement sans s'occuper de Justinien, Napoléon, Dalloz, Toullier, etc.! ils comptent sur la haute impartialité de là magistrature, le savoir du parquet, plus souvent encore sur l'éloquence du barreau, et, partant de là, s'épargnent la peine de rechercher les causes qui ont amené les travaux et discussions d'où sont sortis nos codes.

L'armée, malheureusement, n'est pas exempte de cette indifférence, même pour ce qui la regarde. On connaît la loi de 1868, on se rappelle encore celle de 1832, mais faiblement; quant à la législation antérieure au gouvernement de Juillet, il n'en est plus question.

Dans ce travail, je vais essayer d'étudier les phases par lesquelles sont passées les armées françaises pendant la Révolution. Je me servirai presque uniquement du *Moniteur universel*, et mêlerai forcément un peu d'histoire à ce faible aperçu de notre organisation militaire.

NOTES

SUR L'ORGANISATION DE L'ARMÉE

PENDANT LA RÉVOLUTION

COUP D'ŒIL SUR LES ARMÉES FRANÇAISES AVANT LA RÉVOLUTION

La Gaule a toujours été un pays essentiellement militaire; César y a fait huit campagnes, et, dans ses *Commentaires,* parle souvent de la bravoure du peuple qu'il a à conquérir. L'invasion des Francs ne fit qu'ajouter à l'énergie de la nation.

Je ne parlerai pas des soldats de Pharamond; l'authenticité de ce souverain est par trop douteuse. Les compagnons de Mérovée m'apparaissent vêtus de peaux de bêtes; je vois le champ de bataille des plaines catalauniques couvert de cadavres, et le nombre des morts y est si grand que les corps ne peuvent tomber. Clovis, avec le soldat de Soissons, donne la première leçon de discipline. Grégoire de Tours nous apprend que tout homme cultivant depuis trente ans un terrain en devient le propriétaire, et commande aux gens attachés à la glèbe, *les arme* pour défendre « le champ et la famille. »

Pierre l'Ermite, saint Bernard appellent ces possesseurs de fiefs aux armes pour la délivrance et la garde du tombeau du Christ. Les paysans se rangent sous la bannière de leurs seigneurs, et traversent l'Europe et les mers au cri de : *Dieu le veut.* Quelques années plus tard, les fils de ces vilains prendront les armes pour créer la Commune. Augustin Thierry nous fait assister aux drames intéressants de l'émancipation des villes.

On voit ensuite le ban et l'arrière-ban répondre à l'appel du seigneur, et venir former l'armée du suzerain. Les troupes du roi sont composées de vassaux et de mercenaires : ceux-ci combattent comme ils sont payés, ceux-là tiennent à la vie, parce qu'ils ont laissé femmes et enfants à l'ombre du château qui les protége. Aussi les combats ne sont pas sanglants à cette époque. A Bretteville, un seul homme est tué, et encore est-ce d'une chute de cheval.

L'Église n'était pas exempte du service de guerre ; les évêques y étaient si bien tenus que lorsque quelqu'un d'entre eux était infirme, il devait commettre un de ses fidèles pour le remplacer, « *de peur*, ajoute le capitulaire où cette obligation est écrite, *de peur que la chose militaire souffre de son absence.* »

Philippe-Auguste leva des corps à sa solde ; ils prirent le nom de soudoyers, soldats. Il fut bientôt obligé de les licencier.

Charles VII ayant, grâce à Jeanne Darc, délivré la France des Anglais, reconnut la nécessité d'avoir des forces à soi; il forma dans son royaume des compagnies réglées de gendarmerie et de fantassins.

Louis XI supprima l'infanterie et commença à prendre des Suisses à sa solde.

Puis vinrent les francs archers, les aventuriers, les bandes légionnaires, les régiments qui ont porté des noms de provinces, de villes, de colonels, et qui portent, depuis le règlement du 1er janvier 1791, des noms de nombre. Au XVIe siècle, l'état d'homme de guerre était si recherché que les soldats avaient des brevets.

Dans les chartes de cavalerie on voit l'ancienne gendarmerie se décomposer en grosse cavalerie, conservant jusqu'en 1621, et sans doute par delà, son ancien nom de compagnies d'ordonnance d'hommes d'armes; et, en cavalerie légère, arquebusiers à cheval, carabins, chevau-légers et dragons.

Sous Louis XIII, Louis XIV et son successeur, on entend continuellement parler de la Maison du Roi. Le principe de l'inégalité sous les armes est représenté par les mousquetaires gris, les mousquetaires noirs, les grenadiers à cheval, les chevau-légers et les gendarmes.

Il y avait le mode de recrutement volontaire pour les *troupes réglées*. Au moyen du traitement accordé par le roi aux capitaines, ils étaient obligés d'entretenir leurs compagnies au complet. Les engagements se faisaient avec capitulation, sans capitulation, par force quelquefois, et plus souvent par supercherie. La durée du service était de six ans. M. Camille Rousset donne, dans *les Volontaires*, la composition de l'armée régulière avant le 14 juillet 1789 : 79 régiments d'infanterie française et 23 d'infanterie étrangère, tous formés à 2 bataillons, à l'exception du seul régiment du roi, qui en avait 4; 12 bataillons de chasseurs à pied, 7 régiments d'artillerie à 2 bataillons, 15 compagnies d'ouvriers et de mineurs, 26 régiments d'artillerie proprement dite, 18 de dragons, 6 de hussards et 12 de chasseurs; en somme, 218 bataillons d'infanterie, 14 bataillons d'artillerie et 206 escadrons de troupes à cheval. L'effectif normal de cette armée était, sur le pied de paix, de 172,974 hommes, et de 210,948 sur le pied de guerre.

Les milices furent définitivement organisées par Louvois. La levée se faisait par voie de tirage au sort entre les sujets miliciables, c'est-à-dire bourgeois et paysans; il en fallait au moins quatre pour tirer un milicien. Les garçons sujets à la milice étaient ceux de seize ans au moins, de quarante ans au plus, et les jeunes gens mariés au-dessous de vingt ans. Le temps de service était de six et cinq ans. Le roi, pour concilier l'intérêt de son service avec l'économie intérieure des provinces par rapport à la culture des terres, ordonna, en temps de paix, la séparation des bataillons de milice, qui ne sont assemblés qu'une fois par an pour être passés en revue et exercés pendant quelques jours. Par l'ordonnance du 27 février 1726, les milices de France formaient 100 bataillons de 12 compagnies, et chaque compagnie se composait de 50 hommes. L'ordonnance du 1er mars 1778 porte les milices à 106 bataillons, et les désigne sous le nom de *troupes provinciales*. Leur effectif était de 55,240 hommes sur le pied de paix, et de 76,000 sur le pied de guerre. Ce service, considéré comme une des charges les plus vexatoires pesant sur les bourgeois, fut assimilé aux corvées, et la plupart des cahiers en demandèrent l'abolition aux états généraux de 1789.

Le maréchal de Saxe avait proposé d'établir une loi pour que tout homme, de quelque condition qu'il fût, fût obligé de servir sa patrie cinq ans.

Le ministre de la guerre, comte de Saint-Germain, en soumettant l'armée à des peines corporelles, disposa le militaire à la révolte. Tout le monde connaît l'histoire de cet officier subalterne qui, contraint de frapper un de ses inférieurs de vingt-cinq coups de plat de sabre, s'arrêta au vingt-quatrième, disant : « Quant au dernier, je me le suis réservé à moi-même, » et il s'enfonça le fer dans le corps. « Les Français, avait dit un grenadier, n'aiment du sabre que le tranchant. » Je laisse parler Jomini : « Les règlements de 1786 devinrent une des « causes du mécontentement de l'armée, et expliquent « son peu d'attachement pour le gouvernement. Dans « une monarchie où la noblesse se dévoue au métier « des armes comme aux pénibles obligations qu'il im- « pose, il est facile de comprendre qu'elle jouisse de « quelque faveur et qu'on lui tienne compte de ses ser- « vices. Mais en lui accordant quelque préférence, ne « serait-il pas injuste de frapper d'exclusion la classe « respectable des officiers de fortune, et ne semble-t-il « pas plus dangereux encore que les grades supérieurs « et les commandements en chef, qui doivent être le « prix du génie, de l'expérience et du dévouement, de-

« viennent le patrimoine de quelques coteries privilé-« giées? Un gouvernement impartial n'oubliera jamais « que sous Louis XVI, Bonaparte, Moreau, Kléber et « tant d'autres guerriers non moins célèbres, eussent « été condamnés à une nullité éternelle, tandis que « sous le règne de Louis XV on ne trouve pas, même « dans la noblesse française, un général marquant, « puisque le maréchal de Saxe, qui illustra cette épo-« que, était étranger. Cependant le ministre de Ségur, « poussé par les fatals préjugés du favoritisme, ne se « contenta pas de considérer les places d'officiers « comme l'apanage des gentilshommes à quatre quar-« tiers; il établit, par de nouveaux règlements, une « démarcation entre les nobles eux-mêmes, et les ré-« giments furent donnés d'emblée aux rejetons des fa-« milles présentes à la cour, tandis que celles de pro-« vince languissaient éternellement dans les grades « subalternes. A la vérité, on citait quelques roturiers « élevés au grade d'officier, mais ce n'était qu'à force « d'années et de protections; encore un lieutenant de « cavalerie parvenu à travers tant d'obstacles ne mon-« tait-il jamais au rang de capitaine (1). »

Ainsi, avant la Révolution, on trouve incapacité dans les chefs, démoralisation parmi les inférieurs. Les soldats tenaient si peu à leurs drapeaux que pendant la première campagne de la guerre de Sept Ans on avait compté 50,000 déserteurs à l'ennemi.

(1) *Introduction à l'histoire critique et militaire des guerres de la Révolution*, liv. I, chap. IV.

ASSEMBLÉE CONSTITUANTE

(17 juin 1789. — 30 septembre 1791.)

Le premier décret sur la constitution de l'armée est du 21 mars 1790. Le roi est le chef suprême de l'armée. Chaque citoyen est admissible à tous les emplois et grades militaires (1), et peut exercer les fonctions de citoyen actif s'il n'est pas dans le canton où est situé son domicile. Après seize années de service sans interruption, le soldat est dispensé des conditions relatives à la propriété et à la contribution. Les officiers et la troupe prêtent serment à la nation, à la loi et au roi. Le recrutement a lieu par engagements volontaires. Les troupes étrangères ne peuvent servir que d'après un décret de l'Assemblée. Il y a à cette époque des Allemands, des Irlandais et des Suisses.

A la nouvelle des désordres survenus à Nancy, dans les trois régiments, régiment du roi, mestre de camp

(1) Sous la monarchie, pour entrer à l'École des ingénieurs, établie à Mézières, il fallait faire preuve de noblesse, ou tout au moins sortir d'une famille bourgeoise vivant noblement, c'est-à-dire n'ayant jamais exercé de profession qui dérogeât. Monge, fils d'un rémouleur de Beaune, n'ayant pu fournir cette preuve, on n'avait consenti à l'admettre que comme appareilleur : il devint le professeur de ceux dont on lui refusait d'être le camarade. (*Mémoires sur Carnot.*)

cavalerie, et Château-Vieux suisse, l'Assemblée rend en toute hâte un décret qui, proposé par Emery, est sur-le-champ sanctionné par le roi. Il n'y a plus d'association délibérante dans le corps; le roi est supplié de nommer des inspecteurs extraordinaires choisis parmi les officiers généraux pour procéder à la vérification des comptes depuis six ans, et cela en présence du commandant de chaque régiment, du dernier capitaine, du premier lieutenant, du premier sous-lieutenant, des premier et dernier sergents, des premier et dernier caporaux ou brigadiers et de quatre soldats tirés au sort. Ce décret, daté du 6 août 1790, organise *les conseils d'administration* dans les corps (1).

Le décret du 29 octobre concerne la discipline et énumère les différentes punitions. Les peines corporelles sont abolies et on laisse subsister le pain et l'eau au cachot pendant quatre jours, la boisson d'eau pour les ivrognes pendant trois jours à la garde montante jusqu'à concurrence d'une chopine par jour, le piquet pendant trois jours et une heure chaque jour, sans charge de fusil, mousqueton, cuirasse et manteau.

Les nobles qui étaient possesseurs de charges à l'armée ne perdirent rien, du moins pécuniairement. Ceux qui voulurent servir la révolution conservèrent leurs emplois, Custine, Montmorency, Mortemart etc.;

(1) Les conseils d'administration, dont le comte de Saint-Germain est le créateur, furent établis dans l'armée française par une ordonnance du roi en date du 23 mars 1776. Le conseil était alors composé du colonel ou mestre de camp commandant, du colonel ou mestre de camp en second, du lieutenant-colonel, du major et du plus ancien capitaine.

les autres furent remboursés. J'en trouve la preuve dans le *Moniteur* du 19 mars. Je copie textuellement : « M. Wimpfen fait, au nom du comité militaire, un rapport sur le remboursement des charges, offices et emplois militaires. Les deux articles suivants sont décrétés :

« Art. 1er. Les derniers titulaires des cinq charges « de maréchaux des logis, des camps et armées qui « auront fait assurer leur finance par des brevets « de retenue en seront remboursés. »

« Art. 2. Ceux des susdits titulaires qui ne seront « point porteurs de brevets de retenue seront rem- « boursés sur le pied de la moindre somme qui aura « été payée dans les deux dernières mutations, à la « charge de la déduction d'un sixième. » Puis on adopte trois autres articles relatifs au remboursement des charges des régiments d'état-major, cavalerie et dragons, avec une taxe du prix de ces charges.

Le régime des milices avait été signalé le 4 août 1789 parmi les abus qui devaient disparaître de nos institutions. Sur le rapport de Lameth, l'Assemblée nationale décrète : « Le régime des milices est aboli ; les treize régiments de grenadiers royaux, les seize régiments provinciaux et les soixante-dix-huit bataillons de garnison formant les troupes provinciales sont et demeureront supprimés (1). »

Un mois plus tard, Duportail, ministre de la guerre demande, à l'approche de la guerre, une levée de

(1) Décret du 4 mars.

cent mille *soldats auxiliaires* pour être organisés en bataillons et remplacer les troupes provinciales. « Cette « mesure, dit Jomini, acheva la ruine des anciens « régiments, qui, recrutant dans cette même classe de « jeunes gens que les municipalités devaient ranger « dans les auxiliaires, manquèrent d'aliments et me- « nacèrent de se dissoudre. C'était d'ailleurs donner « naissance à la rivalité, et substituer à des corps « fortement organisés des bataillons tout neufs, sur « lesquels la prudence ne permettait pas de compter. »

L'Assemblée décrète ensuite l'organisation préparatoire des gardes nationales, pour les faire marcher à mesure qu'on en aura besoin. De plus, dans chaque département, il sera fait une conscription libre de gardes nationaux de bonne volonté (1).

Ces *volontaires* seront formés en bataillons au nombre de cent soixante-neuf, comprenant cinq cent soixante-quatorze officiers et volontaires chacun. La solde, à dater du jour du rassemblement, est de quinze sous par jour et par homme. Les officiers et sous-officiers sont nommés dans chaque compagnie, à la majorité des suffrages; les commandants, par tout le bataillon réuni (2).

Pour bien connaître le mécanisme de l'armée à cette époque, je veux dire de son recrutement, il faut étudier la loi du 25 mars. Il y est dit : Les officiers, sous-officiers et soldats peuvent se livrer au travail des

(1) Décrets du 11 juin, du 17 août et du 4 août.

(2) Pour bien connaître cette organisation, lire l'intéressant ouvrage de M. Camille Rousset, *les Volontaires*.

recrues pour les régiments dans lesquels ils servent, sans pouvoir jamais, sous aucun prétexte, *engager* aucune recrue pour un autre régiment. Les officiers, sous-officiers et soldats de toutes les armes retirés du service, ainsi que tous particuliers, de quelque état qu'ils soient, peuvent également se livrer à ce travail dans le lieu de leur résidence, mais en vertu d'une commission expresse pour recruter à eux donnée par le conseil d'administration d'un régiment, et ils ne peuvent engager que pour ce régiment. Indépendamment de ces deux espèces de recruteurs, les conseils d'administration peuvent détacher dans les départements des officiers, sous-officiers et soldats recruteurs. Tous les engagements étaient donc faits par ces différents délégués.

Le titre II de cette loi comporte *des recrues*. On peut s'engager de seize à quarante ans en temps de paix, et jusqu'à quarante-cinq en temps de guerre ; avant dix-huit ans, il faut le consentement des parents. La durée de l'engagement est de huit ans. Aucun régiment français, soit d'infanterie, d'infanterie légère, soit de cavalerie, dragons ou chasseurs, ne pourra, sous aucun prétexte, engager des hommes nés hors de la domination française, ni déserteurs d'aucun régiment. Il est défendu à tout recruteur ou particulier faisant recrue d'enrôler les déserteurs, les vagabonds, les mendiants d'habitude, les gens suspects ou soupçonnés de crime, ceux poursuivis ou flétris par la justice, ainsi que ceux qui auraient été chassés des régiments. On voit que notre armée n'était pas trop mal composée

à cette époque, et qu'elle ne comptait dans ses rangs que la partie saine de la nation.

Les régiments allemands, irlandais et liégeois étaient autorisés à recevoir des déserteurs.

Le titre III s'étend longuement sur *les engagements ;* ils donnaient droit à une somme payée en deux fois : la première le jour de l'engagement ratifié par la municipalité ; la seconde à l'arrivée au corps, et servait à l'équipement.

Le titre IV parle *des rengagements,* qui sont de deux à quatre ans. Les prix des rengagements sont payables de deux manières, au choix de l'homme : en argent comptant ou haute-paye pendant toute la durée du rengagement. Le prix des rengagements est énuméré pour les différentes armes. Pour la cavalerie : premier rengagement 110 livres. — Deuxième rengagement 140 livres. — Troisième rengagement annuel 21 livres. Pour la haute-paye, la cavalerie a pour le premier rengagement dix deniers par jour. — Deuxième rengagement, un sou un denier par jour. — Troisième rengagement, un sou sept deniers par jour.

Les sous-officiers ne pouvaient se rengager à moins de donner leur démission, et prévenir, pour cela, trois mois à l'avance.

Menou demande à l'Assemblée l'autorisation de lire une lettre adressée à l'armée par le ministre de la guerre, Duportail (1). Voici les principaux passages :

« Je dois vous faire remarquer combien les lois don-

(1) Séance du 10 mars.

« nées aux militaires par l'Assemblée nationale sont « adaptées à l'esprit de cette profession. Vous n'y « trouverez point ces distinctions mortifiantes, ces « avilissantes exceptions qui flétrissent le cœur et « glacent l'émulation; tous les honneurs de la car- « rière sont offerts à qui veut les mériter; avec des « vertus et du talent, un soldat peut monter au rang « de général. Avec quel discernement nos législateurs « n'ont-ils pas concilié dans les règles de l'avance- « ment ce qui est dû à la longueur et à la constance « du service avec ce que le bien public exige qu'on « accorde aux talents. La profession des armes n'est « celle de l'homme fort que parce qu'elle exige non- « seulement le sacrifice de la vie, mais encore parce « qu'elle condamne à de longs travaux, à des priva- « tions de toute espèce. L'expérience de tous les pays « et de tous les temps a prouvé que la discipline et la « subordination peuvent seules rendre les armées capa- « bles d'agir et de remplir le véritable objet de leur « destination. Des troupes indisciplinées sont au « dehors l'objet du mépris de l'ennemi; au dedans « elles sont l'effroi du citoyen; leur valeur, leur audace « dirigées par le vrai patriotisme sont la sûreté, la « gloire des empires; égarées par la licence, elles en « causent bientôt la désolation et la ruine. »

Le chiffre des officiers émigrés devenant inquiétant, ils sont remplacés par des sergents, et les places réservées au choix du roi sont données à des gardes nationaux faisant le service aux frontières. « L'émigration « privait l'armée des anciens officiers sur lesquels on

« comptait le plus; cette fuite des princes, généraux et « officiers de marque, au lieu de compromettre le salut « de l'armée, de décourager le soldat, ouvrit un champ « vaste à l'émulation; tels militaires, qu'on n'aurait « pas soupçonnés capables de commander un régiment, « apprirent l'art de diriger une armée; les citoyens « étant appelés à la défense de l'État, on vit sortir « de toutes les classes de la société des hommes de « génie qui, dégagés des entraves de l'habitude et des « préjugés, s'abandonnèrent à l'étude d'un art qui « pouvait les conduire au faîte des honneurs et de la « célébrité. Le besoin de soldats et l'enthousiasme « firent un devoir de l'état militaire; l'honneur et l'in- « dépendance de la nation furent confiés à ses enfants, « toujours plus intéressés que des mercenaires à se « bien conduire et à se distinguer (1). »

Un décret du 12 septembre ordonne le licenciement des quatre compagnies des gardes du corps.

Avant de terminer ses travaux, l'Assemblée constituante promulgue le code militaire (2) et règle la composition de l'armée à partir du 1er janvier 1792 (3). Il y eut 104 régiments d'infanterie, 62 régiments de cavalerie formant 206 escadrons (4).

(1) Jomini.

(2) 19 octobre.

(3) 21 octobre.

(4) Avant la paix de Nimègue, c'est-à-dire jusqu'en 1678, les régiments de cavalerie étaient composés de deux, trois ou quatre escadrons. Avant la guerre de 1741, chaque régiment était composé de quatre escadrons. L'ordonnance du 15 mars 1749 réduit la cavalerie à cent vingt-neuf escadrons. L'ordonnance du 25 mars

Il est utile, je crois, de citer, en terminant ce chapitre, le texte de la constitution du 14 septembre 1791, pour ce qui a rapport à l'armée :

Titre IV. *De la force publique.* — I. La force publique est instituée pour défendre l'État contre les ennemis du dehors, et assurer au dedans le maintien de l'ordre et l'exécution des lois.

II. Elle se compose : 1° de l'armée de terre et de mer ; 2° de la troupe spécialement destinée au service intérieur ; 3° et subsidiairement, des citoyens actifs et de leurs enfants en état de porter les armes, inscrits sur le rôle de la garde nationale.

1776 détermine la composition de chaque régiment à cinq escadrons, dont quatre de cavalerie et un de chevau-légers. L'article 11 de cette ordonnance prescrit qu'il soit attaché à chaque régiment de cavalerie un escadron, sous le titre d'escadron auxiliaire, destiné, en temps de guerre, à remplacer les hommes qui manqueraient dans les escadrons de cavalerie et de chevau-légers. L'ordonnance provisoire du 8 août 1784 porte que chaque régiment de cavalerie sera de quatre escadrons. Les chevau-légers étaient une compagnie d'élite, organisée pour la première fois par Louis XII, dès 1498.

ASSEMBLÉE LÉGISLATIVE

1er octobre 1791. — 20 septembre 1792.

La gendarmerie nationale avait été organisée par un décret du 16 janvier 1791. La moyenne des brigades avait été portée à quinze par département. Dans les premiers jours de 1792, sur la proposition de Carnot, l'Assemblée législative décrète l'organisation définitive de cette arme, porte de douze cent quatre-vingt-treize à quinze cent soixante le nombre des brigades, et y admet les anciens soldats de la maréchaussée.

La guerre devenant chaque jour de plus en plus certaine, de longs débats s'engageaient continuellement sur nos forces militaires. M. de Narbonne avait remplacé Duportail au ministère de la guerre; il donne, dans la séance du 19 janvier, un aperçu de notre armée : « Voici, dit-il, dans l'état actuel, le nombre des « troupes que l'on peut porter hors des frontières sans « exposer la sûreté des places : 88 bataillons et 48 es- « cadrons étant nécessaires à la sûreté des places fron- « tières et différents postes, il nous reste, pour entrer « en campagne, 150 bataillons et 113 escadrons, les- « quels, en les comptant à 500 hommes par bataillon « et 120 par escadron, nous donneront 75,000 hommes « d'infanterie et 13,500 de cavalerie. Les corps, portés « au complet de guerre, présenteront un total de

« 110,000 fantassins et 20,000 cavaliers. Le déficit est « donc de 51,000 hommes, et vous concevez facile-« ment la presque impossibilité du recrutement depuis « que la formation des volontaires nationaux a porté « vers ce genre de service la classe précieuse d'hommes « qui fournissaient le plus généralement aux recrues. « J'ai remarqué dans tous les bataillons de volontaires « nationaux un zèle si unanimement manifesté que, « profondément occupé du moyen de recruter les « troupes, j'ai pressenti ces soldats de la liberté sur « mon désir de les voir concourir à renforcer les « troupes de ligne et à accélérer l'instant qui doit as-« surer à l'armée et sa force et sa gloire. »

Cette proposition de faire entrer les volontaires dans les troupes de ligne est soutenue par la réaction et vivement combattue par Lecomte. Ce dernier pense qu'il faut chercher à rapprocher non pas le moment où les gardes nationales deviendraient troupes de ligne, mais bien le moment où les troupes de ligne deviendraient gardes nationales. Charrier demande simplement le licenciement des troupes de ligne : « Le tocsin sonnant, dit-il, tous les patriotes seront sous les armes. »

Carnot, Guadet, Aubert Dubayet prennent successivement la parole dans ce débat ; et le 23 janvier l'Assemblée décrète que l'infanterie, l'artillerie et la cavalerie ne pourront se recruter parmi les volontaires nationaux actuellement en service (1).

(1) L'article 14 du décret du 25 septembre 1791 s'exprime ainsi : Les gardes nationales marchant en corps ne seront point

Mais 50,000 hommes ne sont pas si faciles à trouver que des phrases, et, après avoir rejeté le mode de recrutement proposé par le ministre de la guerre, l'Assemblée législative, pendant cinq séances (1), s'occupe du recrutement et de l'engagement des troupes de ligne. Le *Moniteur* du 25 janvier publie le décret :

Art. 1er. Le premier dimanche après la publication du présent décret, les gardes nationaux de chaque municipalité, et les autres citoyens en état de porter les armes, seront, à la diligence des procureurs-syndics du district, rassemblés dans le chef-lieu de leurs cantons respectifs. Un commissaire, pris dans l'administration du district, ou tout autre citoyen nommé par l'exécutif, se rendra au lieu du rassemblement. Le commissaire, après avoir invité tous les citoyens à voler à la défense de la patrie et de la liberté, inscrira sur un registre tous ceux qui voudront contracter un engagement pour servir dans les troupes de ligne. Le registre ouvert par le commissaire sera déposé dans la municipalité de chaque chef-lieu de canton, et y restera pour servir à l'inscription des citoyens qui voudront dans la suite servir dans les troupes de ligne.

Art. 2. Tout Français âgé de dix-huit ans et au-dessous de cinquante ans qui, n'ayant aucune infirmité, difformité ou blessure, se présentera pour s'engager dans l'infanterie, l'artillerie ou dans les troupes à

individuellement incorporées aux troupes de ligne; mais elles marcheront toujours avec leurs drapeaux, ayant à leur tête des officiers de leur choix.

(1) Séances des 19, 21, 22, 23 et 24 janvier.

cheval, sera invité d'abord, d'après les conditions dont il lui sera donné connaissance, à décider dans laquelle de ces armes il veut servir.

Art. 3. La taille, pour servir dans l'infanterie, sera au moins de cinq pieds ; dans la cavalerie et l'artillerie, au moins cinq pieds trois pouces et demi.

Art. 4. Le terme des engagements sera trois ans pour l'infanterie, et quatre pour la cavalerie et l'artillerie.

Art. 5. Le prix de l'engagement sera de 80 livres pour l'infanterie, et 120 pour l'artillerie et la cavalerie.

Art. 7. Tous les soldats, cavaliers, chasseurs, dragons, hussards, actuellement engagés et dont le terme viendrait à expirer avant la réduction au pied de paix, seront admis à contracter un engagement qui ne pourra être de moins de deux ans ; ils recevront, pour l'infanterie, 25 livres par an, 30 pour la cavalerie et l'artillerie.

Art. 10. La loi relative au recrutement, engagement et congés, du 25 mars 1791, qui règle toutes les formes de vérification et ratification à suivre pour les recruteurs et municipalités, continuera d'être exécutée.

Art. 11. Il sera compté à chaque citoyen, au moment de son engagement, la moitié du prix de son rengagement, et l'autre moitié lui sera payée au régiment, sur le mandat qui lui en sera remis.

J'ai tenu à citer les principaux articles de cette loi pour montrer qu'elle avait pu servir de canevas à la législation de 1855 et donner l'idée du système des primes.

Quelques historiens ont blâmé l'envoi des commissaires aux armées. Sans entrer dans les considérations politiques prouvant que cette mesure était presque nécessaire à cette époque, je vais citer une lettre prouvant que l'élément militaire n'a pas été étranger au vote postérieur de la Chambre. Je copie (1) : « Je vous prie, « monsieur le président, d'être mon interprète auprès « de l'Assemblée pour lui demander de permettre à « trois membres de son sein de joindre l'armée du « Nord. Je suis accablé de détails qui retrécissent le « cercle des mouvements et des combinaisons qui doi- « vent être dans la tête d'un général. » Sur le rapport de Chaudieu, l'Assemblée décrète qu'il n'y a pas lieu de délibérer sur cette lettre ainsi que sur la demande de congé faite par un de ses membres (2) pour aller servir dans l'armée du Nord.

Le décret du 17 février accorde aux officiers de tous grades, tant de gardes nationaux que de troupes de ligne, pour entrer en campagne, des gratifications fixées ainsi qu'il suit : Troupes à cheval : lieutenant et sous-lieutenant, 400 livres ; capitaine, 500; lieutenant-colonel, 700; colonel, 900. Des tentes étaient fournies à tous les officiers.

On tient dans ce moment à avoir une armée complète et des cadres solidement institués. Aussi, sur le rapport de Lacué, on décrète d'urgence que rien ne peut mettre obstacle à la prompte organisation des troupes de ligne, et que les vacances qui se présente-

(1) Lettre du maréchal Rochambeau, 26 janvier 1792.
(2) Lameth.

ront dans les différents grades seront immédiatement remplies (1).

On ne saurait trop louer l'activité du comité militaire et les mesures prises par lui pour conduire vigoureusement la guerre et maintenir la discipline dans l'armée. Il s'occupe du bien-être des troupes et fait décréter qu'il importe de former promptement, à la suite des troupes qui doivent camper, et ménager des établissements où l'homme de guerre puisse trouver dans les maladies les secours qu'il a droit d'attendre de la patrie. Des hôpitaux sédentaires et des hôpitaux ambulants seront établis dans les différents corps d'armée. La garde nationale, faisant partie de la force publique, jouira, en conséquence, des mêmes priviléges que les troupes de ligne, mais, dans cette circonstance, avec des retenues diminuées de moitié (2).

On s'occupe ensuite de former le plus tôt possible les états-majors de l'armée. Une vive discussion s'engage ; on veut autoriser les généraux à choisir leurs aides de camp parmi les soldats. Cette mesure est rejetée par l'Assemblée, et les capitaines seulement peuvent faire ce service (3).

A propos des états-majors, n'oublions pas de signaler le décret du 27 avril, qui forme, pour chacune des

(1) C'est une chose bien remarquable que le nombre de grands généraux qui ont surgi tout à coup de la Révolution française, presque tous de simples soldats : c'est qu'à cette époque, tout fut mis au concours parmi 30,000,000 d'hommes. (*Mémorial.*)

(2) Séance du 28 avril.

(3) Les chartes des officiers à la suite des princes nous avaient appris l'origine des aides de camp.

trois grandes armées, une compagnie de guides de l'armée (1).

A cette époque, se forment *les légions* (2). Les considérants de l'Assemblée sont : le moyen le plus sûr de faire la guerre avec succès est d'opposer à l'ennemi des troupes de même arme que celle qu'il emploie ; les troupes légères, connues sous la dénomination de légions, remplissent cet objet. En conséquence il sera formé six légions. Chaque légion sera composée de deux bataillons d'infanterie légère, d'un régiment de chasseurs à cheval et d'une compagnie d'ouvriers et de canonniers. Il sera attaché à chaque légion quatre

(1) Dans la *Correspondance de Napoléon Ier* on trouve plusieurs lettres qui montrent l'importance que l'empereur a attachée pendant toute sa carrière aux escadrons de guides. Par la lettre 1031 adressée au général Berthier, et datée de Milan, 4 vendémiaire an V, Bonaparte donne l'ordre d'organiser tout de suite une compagnie de guides, et donne tous les détails pour la formation de ce corps. Plus tard (lettre 1445, 14 pluviôse an V) il se plaint de la lenteur apportée à l'exécution de ses ordres, et désigne les régiments qui n'ont pas encore fourni le contingent demandé, et recommande de ne choisir que de bons sujets, capables d'un coup de main. Puis (lettre 1850, 1er prairial an V) il met à la suite de sa compagnie de guides deux pièces d'artillerie à cheval, c'est-à-dire un obusier et une pièce de 8. Pour la campagne de 1809, Napoléon ordonna de faire partir des dépôts les conscrits instruits et habillés, qu'ils appartinssent ou non à ces corps. Comme on ne pouvait mêler des hussards et des chasseurs, à cause de l'extrême différence de l'équipement, et qu'il y avait plus de hussards qu'on ne pouvait en employer, il en composa des escadrons de guides, destinés à servir dans l'état-major de chaque corps d'armée, afin d'épargner à la cavalerie légère le service des escortes, qui la condamne à de nombreux détachements et à une fâcheuse dissémination.

(2) Décret du 27 avril.

pièces d'artillerie. Ce mélange de l'infanterie et de la cavalerie, un des caractères de la légion, a été préconisé par de grands hommes de guerre, Montecuculli et le maréchal de Saxe. Voici l'opinion de ce dernier : « Je formerai mes corps d'infanterie en légions com« posées de quatre régiments chacune, et chaque « régiment à quatre bataillons et un escadron (1). »

Le comte de Saint-Germain avait introduit les peines corporelles dans l'armée, peines qui disparurent complétement ; et en même temps on décrétait d'urgence l'établissement des tribunaux militaires. Tous délits militaires ou communs commis à l'armée par les individus qui la composent, sans distinction de grade, de métier ou de profession, seront jugés par des *cours martiales* ou par la police correctionnelle militaire, suivant la gravité du délit.

On ne pardonnait alors aucune infraction à la discipline, et tout délit était puni avec une sévérité extraordinaire; des mesures violentes étaient même prises contre des régiments entiers, comme le prouve le rapport de Dumas. « Il a été rendu un décret, y est-il dit, qui ordonne la poursuite des officiers, des sous-officiers et des soldats des 5e et 6e regiments de dragons qui ont abandonné le poste de bataille à l'affaire de Mons. Dans le cas où ces deux régiments ne déclareraient pas les coupables dans le délai prescrit par le général, ils se trouveraient par là collectivement

(1) C'est sans doute un dieu, dit Végèce, qui inspira aux Romains la légion.

chargés de ce crime ; ils seraient cassés, sans préjudice des poursuites qui pourront être faites sur les dénonciations existantes, leurs guidons seront brûlés à la tête du camp, et les numéros qui marquent leurs rangs dans l'armée seront à jamais vacants. » Les colonels (1) surent conserver intact l'honneur des deux régiments en signalant les quelques coupables.

La garde du roi ne faisait partie ni de l'armée de ligne ni de la garde nationale, et ne pouvait être requise en aucun cas pour le service de l'une ou de l'autre ; cependant, quoique ne faisant pas partie de la force publique, elle était un corps armé dans l'État. Sur la proposition de Servan, ministre de la guerre, elle est licenciée (2). Son service est fait jusqu'à nouvel ordre par la garde nationale et ensuite par la *garde constitutionnelle*, licenciée elle-même après la journée du 20 juin.

Pour augmenter le nombre des troupes légères, il est ordonné une levée de cinquante-quatre *compagnies franches* qui pourront être portées à 200 hommes chacune, officiers compris, pour suppléer les deuxièmes bataillons d'infanterie légère détachés aux légions (3).

En outre de ces cinquante-quatre compagnies franches, les généraux Kellermann, La Fayette et Luckner reçoivent l'ordre de lever chacun une légion française

(1) Dampierre et Duval.
(2) Décret du 31 mai.
(3) *Id.*

composée de dix-huit compagnies d'infanterie légère, huit compagnies à cheval, dont les hussards ci-devant Saxe et les cavaliers du ci-devant Royal-Allemand formeront le noyau. Les vingt-six compagnies qui doivent former chacune des trois légions pourront être portées à 108 hommes, les trois officiers compris. La paye, la solde et les masses sont les mêmes pour les différentes armes. Chaque légion est commandée par un lieutenant-colonel, et recrutée au moyen d'engagements volontaires de trois ans.

Les Girondins, menacés, viennent proposer, par la voix de Servan, de former un camp de 20,000 hommes au nord de la capitale. Dans chaque municipalité un registre est ouvert pour recevoir les inscriptions volontaires. Dans le cas où le nombre des gardes nationaux qui se sont fait inscrire excéderait celui fixé pour le canton, ceux inscrits se réuniront pour faire entre eux le choix de ceux qui devront marcher. Voilà l'origine des *Fédérés* que nous verrons plus tard diriger de Paris sur le camp de Soissons. Les Parisiens dominent dans ces nouveaux bataillons.

Un décret du 13 juin attache aux six légions créées par le décret du 27 avril une nouvelle compagnie, sous la dénomination de gardes nationaux *chasseurs à cheval*.

Dumouriez remplace Servan au ministère de la guerre. Il ne reste que quelques jours à ce département, et publie un mémoire sur la situation des armées. Blâmant l'administration de son prédécesseur, il démontre clairement quelles sont les ressources actuelles et indique les moyens à prendre pour défendre nos frontières (1).

Le portefeuille de la guerre est donné à Lajarre, le 19 juin.

Il est utile de faire connaître les forces dont nous pouvions disposer au moment où l'Europe entière s'armait contre la France. Dans la séance du 27 juin, Aubert-Dubayet fait un rapport où il est dit qu'il y a 168,039 hommes armés dont 90,599 aux frontières, et 77,440 réservés pour la défense des places. L'effectif de l'armée de ligne devant être de 200,000 hommes, on trouve donc un déficit de 31,961 hommes.

Quant aux gardes nationales elles étaient ainsi réparties :

Armée de Luckner. . .	42	bataillons.	21,000 h.
— La Fayette . .	44	—	22,000
— La Mollière. .	32	—	16,000
— Montesquiou .	50	—	25,000
— Aux colonies .	7	—	3,500
	175		85,500

Puis, parlant des bataillons dont la formation a été décrétée, des légions, compagnies franches, Aubert-Dubayet arrive à une récapitulation générale donnant environ 400,000 hommes, dont 271,000 seulement sont sur pied et 159,000 qui doivent être recrutés.

A la suite de ce rapport et sur la proposition de Carnot, toutes les troupes françaises et étrangères

(1) *Moniteur* du 16 juin.

actuellement à Paris sont envoyées aux frontières, et remplacées dans leur service habituel par la garde nationale.

Après le retour de Varennes, l'Assemblée n'était pas sans inquiétude sur les dispositions des troupes de ligne. La séance du 22 juin fut spécialement consacrée à l'adoption de mesures qui se rapportaient à cette préoccupation. L'engagement d'honneur qu'on avait fait précédemment souscrire aux officiers ne suffisait plus. Emery proposa la formule suivante, qui fut immédiatement adoptée : « Je jure d'employer les « armes remises dans mes mains à la défense de la « patrie, et à maintenir contre tous ses ennemis, du « dehors et du dedans, la constitution décrétée par « l'Assemblée nationale ; de mourir plutôt que de « souffrir l'invasion du territoire français par des « troupes étrangères, et de n'obéir qu'aux ordres qui « me seront donnés en conséquence des décrets de « l'Assemblée. »

A peine ce décret était-il rendu que, sur la proposition du baron d'Elbeck, accueillie avec enthousiasme, les membres de l'Assemblée qui étaient militaires se précipitèrent en foule à la tribune pour prêter serment, Liancourt, Toulongeon, Custine, Menou, d'Aiguillon, Lameth, Montmorency Crillon, Castellane, Larochefoucauld, etc., etc.

La patrie est en danger ! tel est le cri qui retentit au cœur de la France entière. « Des troupes nombreuses s'avancent vers nos frontières ; tous ceux qui ont horreur de la liberté s'arment contre notre constitution. Citoyens, la patrie est en danger. Que ceux qui vont obtenir l'honneur de marcher les premiers pour défendre ce qu'ils ont de plus cher se souviennent toujours qu'il sont Français et libres; que leurs concitoyens maintiennent dans leurs foyers la sûreté des personnes et des propriétés; que les magistrats du peuple veillent attentivement; que tous, dans un courage calme, attribut de la véritable force, attendent, pour agir, le signal de la loi, et la patrie sera sauvée (1). »

Alors se formèrent ces innombrables légions de *volontaires de* 1792, et Guadet put dire du haut de la tribune des Jacobins : « En dépouillant les registres des départements on trouve plus de 600,000 citoyens inscrits pour marcher à l'ennemi. » De ces volontaires sortirent Masséna, Augereau, Murat, Kléber, Desaix, Hoche et Marceau.

Sur le rapport de Carnot, l'Assemblée, pour accélérer le recrutement décrète (2) : L'armée de terre sera portée au complet effectif de 440 à 450,000 hommes, tant en troupes de ligne de toutes armes qu'en gardes nationales, volontaires et gendarmes. Les 83 départements fourniront ensemble 50,000 hommes destinés à compléter les différents corps d'infanterie, cavalerie, troupes légères et artillerie. Le nombre de 440 à 450,000 hommes auquel l'armée doit être portée sera complété par des volontaires nationaux. Tout Français âgé de dix-huit ans et au-dessous de cin-

(1) Décret du 12 juillet.
(2) Séance du 17 juillet.

quante ans peut s'engager. L'engagement est de trois ans. Il donne droit à une prime de 80 livres pour l'infanterie, 120 livres pour l'artillerie et la cavalerie.

Le même jour on décrète la formation de compagnies de *chasseurs volontaires* qui doivent être employées aux avant-gardes des différentes armées, et quelques jours plus tard (1) on forme une légion étrangère composée de Hollandais et Brabançons. Son effectif est limité à 2,822 hommes, dont 500 à cheval.

Nous arrivons à l'époque d'où date le commencement des opérations militaires de la Révolution, ou plutôt de ce mouvement patriotique qui poussa vers la frontière tout citoyen en état de porter les armes. Le manifeste du duc de Brunswick, paru à Coblentz le 25 juillet, est connu à Paris le 2 août. Immédiatement on accélère la marche des volontaires (2) sur le camp de Soissons, dont le commandement est donné à Custine, ayant sous ses ordres Servan et Beauharnais.

Le complétement des troupes de ligne souffrit fort peu des enrôlements volontaires. Ainsi un dimanche, à Brisach, 315 hommes se font inscrire comme volontaires, et plus de 200 pour les régiments de ligne. Un calcul fort modéré prouve que le département du Haut-Rhin a fourni 1,200 hommes à la France. Dans les Vosges, le contingent assigné au district d'Épinal était de 120 hommes; 250 citoyens se sont fait enregistrer.

(1) Décret du 28 juillet.

(2) A partir de ce moment les volontaires prennent le nom de Fédérés.

Dans la journée du 10 août, les suisses sont massacrés; la mort les trouva intrépides et fidèles (1).

Après cet événement, le ministre de la guerre, d'Abancourt, est mis en accusation et remplacé provisoirement par Monge, en attendant l'arrivée de Servan.

Il est intéressant de connaître les forces dont disposait la coalition. L'état-major émigré à Coblentz avait quatre armées dites libératrices et ainsi réparties :

Armée du Brisgaw, pour l'Alsace. .	40,000	hommes.
— de Lorraine, pour contenir Metz.	40,000	—
— du Brabant, pour Lille. . .	50,000	—
— marchant sur Paris, par la Champagne.	60,000	—
	190,000	—

On voit que la première coalition avait des forces sérieuses à opposer à nos levées.

(1) Les Suisses étaient au service de la France depuis Louis XI. « Si la France, dit un jour un ministre français, avait tout l'argent qu'elle a dépensé pour les Suisses, on pourrait en paver un chemin allant de Paris à Bâle. — Oui, répondit le colonel des suisses, mais si la Suisse avait tout le sang que ses enfants ont versé pour la France, on pourrait alimenter un canal allant de Bâle à Paris. »

Après le licenciement des suisses, le pouvoir exécutif témoigna aux cantons helvétiques sa reconnaissance pour les services rendus par ces troupes dans les armées françaises. Les suisses qui voudront entrer dans les régiments ou légions jouiront de tous les droits accordés aux citoyens français, et les autres seront reconduits aux frontières.

Le 15 août il est décidé que les chevaux des maisons d'émigrés seront employés, comme ceux du roi, à monter les compagnies franches organisées par décret du 31 mai.

Longwy vient de tomber au pouvoir des coalisés (21 août); Lille est menacée par les Autrichiens. De suite Vergniaud propose une loi qui autorise le pouvoir exécutif à requérir, en cas d'invasion, toutes les gardes nationales du royaume. L'Assemblée décrète : « Les réquisitions nécessaires seront faites pour un rassemblement de 30,000 hommes, qui devront être envoyés, armés et équipés, à l'armée de Luckner. Douze commissaires, pris dans le sein de l'Assemblée, doivent se rendre dans les départements pour accélérer les *réquisitions*. Ces commissaires sont investis de grands pouvoirs et autorisés à suspendre les plus hauts fonctionnaires civils et militaires, à les remplacer et à les mettre en arrestation, au besoin. » Pour la première fois on voyait les représentants paraître aux armées. Ceux envoyés près de La Fayette furent arrêtés par ordre de ce général et enfermés à Sedan (1). Les représentants en mission aux autres armées furent acclamés. Inutile de rappeler que cette mesure, si critiquée par quelques historiens, avait été, quelques mois auparavant, sollicitée par le maréchal Rochambeau.

On ne peut nier l'enthousiasme qui régnait à cette époque : on court s'enrôler de tous côtés; des citoyens lèvent des troupes à leurs frais. Dans la séance du

(1) Antonelle, Kersaint et Peraldy. Après cette mesure, La Fayette passe la frontière et est enfermé par les coalisés à Olmutz.

2 septembre, Dumas, au nom du comité militaire, fait un rapport sur les pétitions des sieurs Louis Rutheau et Louis Dumont, qui proposent de lever chacun une compagnie de 400 hussards. Le ministre de la guerre, Pache, consulté sur ce projet, l'approuve, et l'Assemblée l'adopte.

On forme dans le même moment une nouvelle légion étrangère sous le nom de *Germains*. Elle est composée de quatre escadrons de cuirassiers légers, de quatre escadrons de piqueurs à cheval, de trois bataillons de chasseurs à pied, d'un bataillon d'arquebusiers et d'une compagnie d'artillerie. Elle ne peut être portée au delà de 3,000 hommes, dont 1,000 à cheval, et n'est composée que de volontaires. Ne dirait-on pas que cette organisation ait été faite d'après ces lignes de Montecuculli : « Dans les armées anciennes, chaque « régiment d'infanterie contenait une certaine quan- « tité de cavalerie et d'artillerie (1); de ces cavaliers, « les uns avaient des cuirasses entières, les autres, « des demi-cuirasses, et quelques-uns étaient plus « légèrement armés. Pourquoi mêler ensemble plu- « sieurs sortes d'armes dans un même corps, sinon « pour faire voir l'extrême besoin qu'elles ont l'une de « l'autre (2)? »

Dans ce travail je m'occupe de tout ce qui a été fait pour l'armée pendant la Révolution, et ne crois pas m'écarter de mon sujet en mentionnant les deux décrets indiquant le mode de fabrication du pain de mu-

(1) Machines de guerre, bien entendu.
(2) Ses Mémoires.

nition. Le premier, daté du 2 septembre, donne trois quarts de froment et un quart de seigle; le deuxième, 12 septembre, ordonne l'emploi du pur froment, avec extraction de quinze livres de son par quintal.

Je suis arrivé à la fin des travaux de l'Assemblée législative. Les historiens ont fait ressortir toutes les irrésolutions de cette chambre. Au point de vue militaire, elle a toujours montré une grande fermeté, qu'on ne saurait trop louer. Son comité de la guerre a su faire adopter les décrets créant l'armée de la Révolution. Quantité d'officiers avaient émigré pour aller à Coblentz mettre leur épée au service des princes et des coalisés. A partir de ce jour, la faveur disparaît dans l'armée; la loi admet tous les citoyens aux honneurs et grades militaires. Le pouvoir exécutif nomme aux places vacantes des soldats, des gardes nationaux et des volontaires. Brillante et splendide pépinière qui nous a donné des généraux comme Hoche, pacifiant la Vendée; Marceau, si sympathique à l'armée et pleuré même par ses ennemis; Murat, arrosant de son sang la terre où il a régné; Augereau, Masséna, Lannes et tant d'autres, parcourant en vainqueurs les capitales de l'Europe; Ney, après avoir échappé aux balles ennemies, viendra tomber près de l'Observatoire, sous le feu d'un peloton français; Soult, à Toulouse, tirera le dernier coup de canon contre les Anglais; Maisons, à Saint-Pétersbourg, fera reconnaître le gouvernement de juillet. Je pourrais en citer encore beaucoup. Le choix des officiers n'était pas toujours mauvais, comme on voit.

L'Assemblée législative a su décider la question la plus importante, celle de savoir jusqu'à quel point la population doit concourir aux opérations de l'armée, dans le cas d'invasion d'une puissance supérieure ou d'une coalition. Au moment où elle se sépara, les forces militaires de la France comprenaient 450,000 hommes (1).

(1) Décret du 17 juillet.

CONVENTION

21 septembre 1792. — 8 brumaire an IV

« De ce jour, dit Goethe, qui assistait à la canonnade de Valmy, date une nouvelle ère dans l'histoire du monde. » La Convention se réunit le lendemain de cette affaire. Le théâtre de la guerre s'étant considérablement augmenté depuis le commencement des hostilités, sur la demande de Servan, ministre de la guerre, elle divise les armées de la manière suivante : 1re Nord, 2e Ardennes, 3e Moselle, 4e Rhin, 5e Vosges, 6e Alpes, 7e Pyrénées, 8e intérieur (1), et organise des divisions de gendarmerie à cheval pour renforcer ces armées (2). De plus, les bataillons de gardes nationaux destinés à servir dans les camps de Paris et Soissons sont mis à la disposition du ministre de la guerre, pour être employés dans les armées qui sont en présence de l'ennemi.

Les représentants envoyés dans les départements et aux armées déployaient la plus grande activité. Ils organisaient les nouveaux bataillons, formaient des corps francs. Ainsi Carnot, aux Pyrénées, créa la *légion des montagnes*, pour faire la guerre de partisans

(1) Décret du 3 octobre.
(2) Décret du 6 octobre.

dans ce pays, et la Convention s'empressa de ratifier les mesures prises par ses commissaires (1).

Un décret du 17 octobre supprime la croix de Saint-Louis comme décoration militaire, et chaque régiment de ligne de toute arme, ou bataillon de volontaires nationaux, est chargé, sous la responsabilité de son état-major, de faire effacer ou couvrir, avant le 15 janvier prochain, par des étoffes aux trois couleurs, tous les emblèmes de la ci-devant royauté qui pourront encore se trouver sur les drapeaux et étendards (2).

Le 23 novembre, deux citoyens sont autorisés à lever chacun un régiment de hussards.

Le décret (3) sur le mode de payement des troupes règle la manière dont les officiers et soldats doivent être payés dans les différentes positions. Il comprend quatre chapitres : 1° troupes de ligne; 2° gardes nationaux; 3° gendarmerie nationale; 4° décompte de 1792.

Sur le rapport de Sieyès, le ministère de la guerre est organisé en six bureaux (4).

La Convention commence la discussion de la loi sur l'organisation de l'armée (5). Dubois-Crancé en est le

(1) Décret du 29 janvier 1793. Napoléon, pendant les guerres d'Espagne, forma des compagnies de chasseurs pour les opposer aux guérillas. Le maréchal Gouvion Saint-Cyr était grand partisan de ces troupes ; il en organisa pendant sa campagne en Catalogne pour faire le même service que les miquelets et les somatènes.

(2) Décret du 27 novembre.

(3) 25 décembre.

(4) Décret du 7 février.

(5) Séances des 7, 11, 12, 14, 16, 19 et 21 février.

rapporteur, et prend pour base générale de l'état militaire de la France, en 1793, 502,800 hommes, dont 53,000 à cheval et 20,000 d'artillerie, tant de siége que de campagne. Jamais discussion ne fut aussi intéressante, et le rapport est remarquable de tous points. Les principaux orateurs de la Chambre prennent successivement la parole et combattent le système de la commission ; Lacombe, Saint-Michel, Saint-Just, Colot d'Herbois, Carnot, repoussent les idées de Dubois. Barrère s'écrie : « Le despotisme est plus habile que nous ; il ne fait, à Vienne, à Berlin, à Madrid, ni rapports, ni discours, ni projets, il recrute et complète son armée. » Il demande à faire disparaître la différence de solde qui existe entre les volontaires et les troupes de ligne, et s'oppose à la réunion de ces deux armes. Dubois-Crancé lui répond : « L'armée est désorganisée, vu « l'incohérence des divers éléments qui la composent. « On voit chaque jour des soldats déserter pour entrer « dans les volontaires ; des capitaines, et même des « lieutenants-colonels de volontaires, solliciter, comme « une grâce du ministre, des sous-lieutenances dans « l'armée de ligne. Avez-vous déjà oublié que je vous « ai dit qu'il était indispensable de faire un appel de « 300,000 hommes avant un mois? Il faut bien parler « net et dire ici toute la vérité ; cet appel ne peut s'effectuer que par *la conscription* de tous les citoyens « en état de porter les armes, sauf à donner à ceux « qui seront appelés la faculté de se faire remplacer. »

Le 19 février, la Convention déclare que les despotes coalisés menacent la République, et décrète : 1° Sont en état de *réquisition permanente* et à la disposition du ministre de la guerre, jusqu'au complément de l'armée, les gardes nationaux depuis l'âge de dix-huit ans jusqu'à quarante, non mariés ou veufs sans enfants ; 2° la Convention fait un appel de 300,000 hommes pour compléter les armées de la République ; 3° la réquisition se fera en raison de la population des départements.

La nouvelle loi (1) sur l'organisation de l'armée est beaucoup trop étendue pour la citer en entier ici.

L'article 1er dit : A dater de la publication du présent décret, il n'y aura plus aucune distinction ni différence de régime (2) entre les corps appelés régiments de ligne et les volontaires nationaux (3).

Article 2. L'infanterie est formée en demi-brigades (4), composées chacune de 1 bataillon des ci-devant régiments de ligne et de 2 bataillons de volontaires. L'uniforme sera le même.

Le titre II parle de l'avancement. Dans tous les grades, excepté celui de chef de brigade et celui de

(1) 21 février.

(2) Dubois-Crancé, sur l'observation de Barrère, avait dit qu'il entendait par *régime* similitude dans les bases principales de l'avancement, administration, solde, etc.

(3) Les dénominations de lieutenant-colonel, colonel, maréchal de camp, lieutenant général, maréchal de France sont supprimées. Le lieutenant-colonel s'appellera chef d'escadrons, le colonel chef de brigade, etc.

(4) La demi-brigade doit comprendre deux mille quatre cent trente-sept hommes et six pièces de 4.

caporal, l'avancement aura lieu de deux manières, savoir : le tiers, par ancienneté de service, roulera sur toute la demi-brigade ; et les deux tiers, au choix, dans le bataillon où la place sera vacante. Les quartiers-maîtres trésoriers, les adjudants-majors, les adjudants sont nommés par le conseil d'administration. Les caporaux sont nommés par les volontaires de la compagnie. Toutes les nominations aux emplois pour le choix se font à l'élection. Pour nommer un chef de bataillon, les électeurs sont, dans le bataillon où l'emploi est à donner, tous les membres qui le composent. Pour les places de capitaines, lieutenants, sous-lieutenants et sergents, les électeurs sont tous les membres de la compagnie où le grade est vacant et qui y sont subordonnés.

Titre III. *Cavalerie et dragons.*—Les vingt-neuf régiments de cavalerie, compris ceux créés à l'École militaire et les dix-huit régiments de dragons, seront portés à quatre escadrons par régiment, à raison de 100 hommes par compagnie, dont 10 à pied ; provisoirement, les escadrons resteront à 170 hommes.

Les douze régiments de chasseurs et les huit de hussards seront portés de quatre à cinq escadrons, sur le même pied que la cavalerie de ligne. Il sera formé, de la cavalerie de toutes les légions qui sont au service de la République, ainsi que des corps francs à cheval, huit nouveaux régiments de chasseurs. L'avancement de la cavalerie est réglé comme celui de l'infanterie.

Titre IV. *Infanterie légère.*—Incorporation de deux

bataillons d'infanterie des légions avec un bataillon de chasseurs, le tout formant une demi-brigade.

TITRE V. *Artillerie.*

TITRE VI. *Gendarmerie.*

TITRE VII. *Génie.*

TITRE VIII. *État-major.*

La division est composée de quatre demi-brigades et commandée par un divisionnaire, ayant sous ses ordres deux brigadiers généraux.

Cette loi, comme on voit, remet un peu d'homogénéité dans l'armée. Les volontaires, les légions, les corps francs disparaissent et sont *amalgamés* avec l'infanterie et la cavalerie.

Un des premiers actes de la Convention avait été de former huit armées ; je vais indiquer la manière dont elles furent réparties :

Armée du Nord. — Général commandant : Dumouriez. Sous cette dénomination, on confondra l'armée de la Belgique et celle du Nord. Miranda commandera sous Dumouriez. Cette armée aura la frontière, depuis Dunkerque jusqu'à Givet exclusivement, et tout le pays occupé par nos armées dans la Belgique jusqu'à la Meuse.

Armée des Ardennes. — Commandée par Valence. La frontière, depuis Mézières jusqu'à Longwy exclusivement, et tout le pays occupé sur la rive droite de la Meuse.

Armée de la Moselle. — Général Beurnonville. Toute la frontière, depuis Longwy jusqu'à Bitche inclusivement.

Armée du Rhin. — Général Custine. Sous cette dénomination, on confondra l'armée du Rhin et celle des Vosges. Desprez-Craffier commandera, sous Custine, tout le cours du Rhin depuis Mayence jusqu'à Bâle.

Armée des Alpes. — Général Kellermann. Depuis Besançon et la frontière des Alpes jusqu'à Embrun.

Armée d'Italie. — Général Biron. La frontière du Var, les côtes de la Méditerranée jusqu'au Rhône.

Armée des Pyrénées. — Général Servan (1). Les côtes de la Méditerranée depuis l'embouchure du Rhône jusqu'aux Pyrénées, la frontière d'Espagne, les côtes de l'Océan depuis Hendaye jusqu'à l'embouchure de la Gironde.

Armée des côtes. — Général La Bourdonnais. Les côtes de l'Océan et de la Manche, depuis l'embouchure de la Gironde jusqu'à celle de la Somme.

Berruyer a le commandement de l'armée de réserve et des départements de l'intérieur. Son quartier général est à Orléans.

Après la défection de Dumouriez, la Convention s'empare de la direction immédiate des troupes, et envoie aux armées du Nord et des Ardennes huit commissaires pris dans son sein ; ce sont : Carnot, Gasparin, Bries, Duhesm, Roux-Fazillac, Duquesnoy, Dubois-Dubay et Delbret. Ces commissaires doivent exercer la surveillance la plus active sur la conduite des généraux,

(1) Servan avait été remplacé au ministère de la guerre par Pache, celui-ci par Beurnonville, qui, après la défection de Dumouriez, a pour successeur Bouchotte.

officiers et soldats. Ils se feront journellement rendre compte de toutes les espèces de fournitures, vivres et munitions. Ils prendront toutes les mesures qu'ils jugeront convenables pour accélérer la réorganisation des armées. Ils ont des pouvoirs illimités, mais doivent se concerter pour la division et l'exécution de leurs opérations. Ils sont tenus de rendre compte, au moins chaque semaine, de leurs travaux à la Convention; chaque jour au comité de salut public, et de faire parvenir le journal de leurs opérations, copie de leurs arrêtés et proclamations, de tous les états de revues et approvisionnements. Ils seront renouvelés par moitié chaque mois. Jomini parle avec grand éloge des services rendus par les représentants aux armées. « C'est « ce pouvoir surveillant qui a approvisionné les places « et les armées, qui a donné de l'activité même aux « généraux. Trois mille délibérations ont été prises « par vos commissions, non pas pour des actes arbi- « traires, mais pour organiser, armer, équiper les « soldats qui, sans leurs soins, seraient encore dans « le plus affreux dénûment (1). »

La Convention, voulant connaître l'état actuel et effectif de tous les corps qui composent les armées de la République, décrète que le général en chef de chaque armée nommera un ou plusieurs chefs de brigade employés sous ses ordres pour passer, sans aucun retard, une revue extraordinaire, et faire une

(1) Rapport de Cambon, ministre des finances, le 11 juillet.

inspection générale (1) de tous les corps qui composent chaque armée, soit qu'ils soient campés, cantonnés, ēn quartier ou en garnison. Le décret dit : « Les chefs de brigade chargés de passer ces revues extraordinaires se feront accompagner par des commissaires de guerre. » Viennent ensuite les articles sur les contrôles, l'état de l'habillement, de l'armement, etc., les procès-verbaux de ces revues; en un mot, tout ce qui se passe aujourd'hui dans les inspections générales.

Les généraux se plaignaient du grand nombre de femmes suivant les armées. A la retraite de Belgique, elles formaient une seconde armée. « L'exemple, dit Soultier, était donné par Dumouriez, dont le quartier avait beaucoup de ressemblance avec le harem d'un vizir. » Le 30 avril, la Convention envoie l'ordre aux généraux de renvoyer dans la huitaine les femmes

(2) Décret du 22 avril. Ce fut dans l'année 1668 que l'on donna la première commission d'inspecteur général. Il n'y eut alors que deux inspecteurs généraux, un pour l'infanterie, l'autre pour la cavalerie. Bientôt après le nombre augmenta et varia presque chaque année pendant la durée du règne de Louis XV. Le ministre de la guerre assignait à chacun d'eux la quantité de régiments qu'il devait inspecter. Cet ordre subsista jusqu'en 1776. A cette époque les inspecteurs furent réformés et remplacés par les officiers généraux attachés aux divisions qu'on avait formées. En 1778 on vit encore une nouvelle disposition; les divisions furent réformées et le roi se réserva le droit de choisir chaque année les inspecteurs de ses troupes parmi tous les officiers généraux. Au mois de juillet 1780, le nombre des inspecteurs fut fixé à vingt-quatre. Ils durent être chargés pendant quatre années consécutives de l'inspection des mêmes régiments. En 1786, on compte vingt-six inspecteurs, dont quatorze pour l'infanterie, dix pour la cavalerie et dragons, un pour les hussards et un pour les chasseurs.

inutiles au service des armées, c'est-à-dire celles non employées au blanchissage et à la vente des vivres et boissons. Il est décidé qu'il y aura dans chaque bataillon *quatre blanchisseuses vivandières;* elles seront autorisées à faire ce service par une lettre du chef de corps visée du commissaire de guerre; elles auront une tenue distinctive.

Les femmes des officiers généraux et autres officiers ne peuvent suivre leurs maris aux armées (1).

Cambon, au nom du comité de salut public, rend compte de l'état satisfaisant de nos forces et demande la formation de trois nouvelles armées. Cette proposition est adoptée et les commissaires en mission sont rappelés et remplacés par de nouveaux. Les forces de la République sont réparties en onze armées, savoir :

Armée du Nord. — Général Pichegru. Quartier général Bouchain. Douze commissaires : huit près des divisions et cantonnements, quatre pour les approvisionnements et fortifications. Depuis Dunkerque jusqu'à Maubeuge.

Armée des Ardennes. — Général Custine. Quatre commissaires. De Maubeuge à Longwy.

Armée de la Moselle. — Général Houchard. Quartier général Sarrelouis. De Longwy à Bitche. Quatre commissaires.

Armée du Rhin. — Général Alexandre de Beauhar-

(1) Pendant la campagne d'Italie, en 1859, une fois l'armée française à Milan, on dut rappeler à plusieurs officiers les dispositions du décret du 30 avril 1793.

nais. Dix commissaires. Quartier général à Wissembourg. De Bitche à Porentruy.

Armée des Alpes. — Général Kellermann. Quatre commissaires. Quartier général à Chambéry. Département de l'Ain et jusqu'au Var.

Armée d'Italie. — Général Brunet. Quatre commissaires. Quartier général à Nice. Alpes-Maritimes et embouchures du Rhône.

Armée des Pyrénées orientales. — Général Deflers. Quatre commissaires. Quartier général à Perpignan. Du Rhône à la Garonne.

Armée des Pyrénées occidentales. — Général Dubouquet. Quatre commissaires. Quartier général à Bayonne. Rive gauche de la Garonne.

Armée des côtes de la Rochelle. — Général Biron. Six commissaires. Quartier général à la Rochelle. De la Gironde à Nantes.

Armée des côtes de Brest. — Général Canclaux. Quatre commissaires. Quartier général à Nantes. De Nantes à Saint-Malo.

Armée des côtes de Cherbourg. — Général Félix Wimpfen. Quatre commissaires. Quartier général à Bayeux. De Saint-Malo à Dunkerque.

Après avoir entendu le rapport d'Aubry, au nom du comité de la guerre, la Convention termine le code pénal militaire (1).

Dans la séance du 6 juin est rendu le décret qui fixe les pensions de retraite pour l'armée.

(1) 16 mai.

Le général Lamorlière s'étant plaint qu'une grande quantité d'officiers encombraient les légions belge, batave, liégeoise, et l'existence de ces troupes n'ayant plus de raison d'être, elles sont amalgamées dans les différents régiments, pour y faire le service de chasseurs.

Au nom du comité de salut public, Barrère fait un rapport sur la nécessité de faire une *levée en masse* pour renforcer les armées. Francfort, Mayence, Valenciennes, Condé, sont au pouvoir des coalisés; Custine, accusé de trahison, est devant le tribunal révolutionnaire. Point de recrutement, mais une réquisition permanente de tous les Français pour la défense de la patrie, jusqu'au moment où les ennemis auront été chassés du territoire de la république. Nul ne pourra se faire remplacer dans le service pour lequel il sera requis. Les citoyens non mariés ou veufs sans enfants, de dix-huit à vingt-cinq ans, marcheront les premiers et se rendront sans délai au chef-lieu de leur district, où ils s'exerceront tous les jours au maniement des armes, en attendant l'ordre du départ. Les chevaux de selle seront requis pour compléter les corps de cavalerie; les chevaux de trait autres que ceux employés au service de l'agriculture conduiront l'artillerie et les vivres. Le comité de salut public est chargé d'établir une fabrication extraordinaire d'armes. Cette loi est du 23 août (1).

(1) « Dès la fin d'août, les effets de la nouvelle levée se firent sentir. Le déblocus de Dunkerque et celui de Maubeuge en furent les premiers résultats, et la grande réquisition acheva de nous assurer la supériorité. » (JOMINI.)

Cobourg avait une cavalerie nombreuse, qui interceptait nos communications, arrêtait nos convois, pillait nos campagnes, harcelait nos armées, enlevait nos bestiaux; il commandait à 40,000 hommes de troupes à cheval. L'insuffisance de cette arme était connue chez nous. Aussi, à la suite du rapport de Gossuin, il est décrété qu'il sera fait une *levée extraordinaire de chevaux* pour le service de la cavalerie. Le minimum à fournir par chaque canton et arrondissement sera de six. Ces chevaux ne seront pas reçus au-dessous de cinq ans et n'auront pas moins de six pouces de taille. Ils seront équipés complétement pour l'arme à laquelle ils seront propres. Les municipalités fourniront en outre, par chaque cheval, un sabre, deux pistolets et une paire de bottes. Le prix des chevaux, effets d'armement et d'équipement sera payé par les receveurs municipaux.

Les rations de fourrage sont fixées à dix-huit livres de foin et un quart de boisseau d'avoine. Les sous-lieutenants et les lieutenants touchent deux rations; les capitaines trois; les chefs de brigade quatre; les généraux de division huit, et les généraux en chef douze (1).

L'indemnité de 500 livres accordée à l'officier de cavalerie qui perd son cheval dans une attaque est portée à 800.

Le gouvernement est déclaré *révolutionnaire* jusqu'à la paix; les généraux en chef sont nommés par la

(1) Décret du 25 octobre.

Convention, sur la présentation du comité de salut public.

Sans m'écarter de mon sujet, je crois pouvoir dire quelles étaient certaines mesures employées par le gouvernement pour subvenir aux besoins de l'armée. Les rapports de tous les généraux constataient que l'armée manquait de linge, de souliers. De suite la Convention décrète que pendant trois mois consécutifs tous les cordonniers de la république seront tenus de remettre cinq paires de souliers par décade, et pareille quantité par ouvriers qu'ils occupent.

On forme une école de trompettes à Paris.

Sur le rapport de Cochon, l'infanterie est portée au complet de 3,201 hommes par demi-brigade, et le décret (1) donne tous les détails sur l'organisation de cette arme. Dubois-Crancé propose *l'embrigadement* de toutes les troupes de la république. « Est-il plus avantageux, dit-il, de laisser chaque bataillon rouler sur lui-même que d'en former des demi-brigades, chacune de trois bataillons? Tous les systèmes militaires, depuis César jusqu'à nos jours, ont démontré la supériorité des gros corps. » L'éloquence et la logique de Dubois-Crancé font adopter le décret (2) qu'il présente, et toute l'infanterie, y compris les bataillons de chasseurs, est organisée en demi-brigades de chacune trois bataillons et une compagnie de canonniers (3).

(1) 27 novembre. — (2) 17 pluviôse an II (5 février 1794).

(3) Certains corps étaient restés comme avant la loi du 21 février, tandis que plusieurs généraux avaient formé les leurs en demi-brigades, et après la levée en masse on avait été obligé de former encore des bataillons de volontaires.

Je vais citer presque en entier le décret sur l'organisation de la cavalerie (1).

SECTION Ire. *De la cavalerie.* — Les vingt-neuf régiments de cavalerie seront composés de quatre escadrons divisés en huit compagnies, et seront compris sous la dénomination unique de *cavalerie*. Chaque compagnie sera composée de : 1 capitaine, 1 lieutenant, 1 sous-lieutenant, 1 maréchal des logis chef, 2 maréchaux des logis, 1 brigadier-fourrier, 4 brigadiers et 74 hommes, dont un maréchal ferrant,. La force d'une compagnie sera de 85 hommes. La réunion de deux compagnies formera un escadron. L'état-major de chaque régiment de cavalerie sera composé de : 1 chef de brigade, 2 chefs d'escadrons, 1 quartier-maître trésorier, 2 porte-étendards, 2 adjudants sous-officiers, 1 chirurgien-major, 1 aide-chirurgien, 1 maître maréchal, 1 maître sellier, 1 maître armurier-éperonnier, 1 maître tailleur, 1 maître bottier, 1 maître culottier et 8 trompettes, dont le plus ancien de service fera les fonctions de trompette brigadier. Il y aura deux étendards dans chaque régiment de cavalerie. La force d'un régiment de cavalerie au complet sera de 704 hommes. Tous les cavaliers seront montés. La force de la cavalerie sera de 20,416 hommes.

SECTION II. *De la cavalerie légère.* — Les vingt régiments de dragons, les vingt-trois de chasseurs et les onze de hussards sont compris sous la dénomination

(1) 1er pluviôse (20 janvier).

de cavalerie légère. Chaque régiment de cavalerie légère sera composé de six escadrons, divisés en douze compagnies. La force de chaque compagnie sera de 114 hommes. L'état-major sera composé comme celui de la cavalerie, avec 1 chef d'escadrons, 1 adjudant et 1 porte-guidon en plus. La force d'un régiment de cavalerie légère au complet sera de 1,410 hommes, et la force de la cavalerie légère, de 76,140 hommes.

Section III. *De la manière de compléter les régiments de cavalerie et légère.* — Avec les troupes à cheval des légions non enrégimentées, avec les escadrons ou compagnies franches et avec les hommes et chevaux provenant des levées faites pour la cavalerie.

Un décret du 9 pluviôse (7 février) indique le prix fixé pour l'achat des chevaux : 900 livres pour les dragons; 800 livres pour les chasseurs et hussards, et 1,000 livres pour l'artillerie et les convois.

Dubois-Crancé revient toujours à la charge pour ramener l'armée à une homogénéité complète, et obtient enfin que l'infanterie ne sera plus composée que de deux armes : infanterie de ligne, infanterie légère. Tous les bataillons des légions sont définitivement réformés, ainsi que les corps francs, et versés dans les régiments (1). Le nombre des demi-brigades fut de 209 pour l'infanterie de ligne, et de 42 pour l'infanterie légère.

J'ai indiqué les mesures prises par la Convention pour chausser l'armée; voici ce qu'elle fit pour ar-

(1) Décret du 11 pluviôse (30 janvier).

mer la cavalerie (1). Considérant que la fabrication des sabres de cavalerie ne saurait suffire à l'instant aux besoins actuels des troupes à cheval; que des citoyens ne faisant aucun service ont une grande quantité de ces sabres; que des employés dans les différentes administrations de l'armée en ont également, dont ils ne sont jamais à même de se servir; que des militaires et officiers d'infanterie en ont aussi, qui deviennent pour eux plus embarrassants qu'utiles, depuis qu'il leur est défendu d'avoir des chevaux; il est défendu à tout militaire à pied d'avoir des sabres de 30 pouces de lame et au-dessus.

Depuis longtemps le comité de salut public et celui de la guerre étaient instruits du désordre qui régnait dans la comptabilité des troupes, et des dilapidations effrayantes qui en étaient la suite. Aux termes de la loi (2), c'était l'ancienneté de service qui donnait aux militaires de chaque grade entrée aux conseils d'administration. L'expérience avait démontré que l'ancienneté d'âge ou de service ne donnait pas toujours les talents, l'intelligence et la probité pour administrer convenablement. Après avoir entendu le rapport de Cochon, la Convention décide qu'il sera formé dans chaque bataillon d'infanterie, escadron de cavalerie, un *conseil d'administration*, qui sera chargé de tous les détails relatifs à l'administration intérieure des corps, ainsi que de toutes les recettes et dépenses, tant en numéraire qu'en effets, et de la comptabilité qui en

(1) 16 ventôse.
(2) 6 août 1790.

est la suite. Ce conseil sera composé du chef de bataillon ou d'escadron, qui en sera le président, d'un capitaine, un lieutenant, un sous-lieutenant, un sergent-major, un sergent, un caporal-fourrier, un caporal et trois soldats. Tous les membres sont nommés à la majorité absolue des suffrages, par leurs égaux (1).

Dans chaque demi-brigade il est formé un conseil d'administration composé du chef de brigade, de six officiers de tous grades indistinctement, de six sous-officiers et six soldats et caporaux pris parmi les membres des conseils d'administration éventuels formés dans chaque bataillon composant la demi-brigade. Le commissaire de guerre chargé de la police d'un corps aura entrée au conseil toutes les fois qu'il sera nécessaire d'arrêter la comptabilité; il n'aura pas voix délibérative. Les membres du conseil sont nommés pour six mois et peuvent être continués par de nouvelles élections.

Ce décret, pour les attributions du conseil, a beaucoup d'analogie avec les règlements actuels.

La Convention ordonne (2) une levée extraordinaire de chevaux et de mulets pour le service des transports. La levée se fera à raison d'un cheval sur vingt-cinq et d'un mulet sur dix. Chaque canton fournira une voiture solide, avec les cuirs et harnais nécessaires pour un attelage complet de quatre chevaux, et

(1) Le décret du 21 décembre 1808, sur les conseils d'administration, comporte encore un sous-officier.

(2) 18 germinal.

un charretier pour le conduire. Le maximum du prix des chevaux sera de 800 livres.

On transforme la plaine des Sablons en *École de Mars* (1). Les jeunes gens de seize ans à dix sept ans et demi y étaient reçus pour apprendre toutes les connaissances nécessaires à un soldat. Ils étaient habillés, armés, campés, nourris et entretenus aux frais de l'État, exercés au maniement des armes, aux manœuvres de l'infanterie, de la cavalerie, de l'artillerie. Ils apprenaient les principes de l'art de la guerre, les fortifications de campagne et l'administration militaire.

Après la victoire de Fleurus (2), les armées du Nord, des Ardennes et de la Moselle sont réunies en une seule, portant désormais le nom de Sambre-et-Meuse.

A cette époque, le premier titre à l'avancement était la célébrité acquise par des actions de courage; ceux qui commandaient à leurs frères d'armes devaient se distinguer par des traits de bravoure ou par des actions héroïques. Aussi la Convention, voulant mettre sous les yeux des citoyens de grands exemples, venger le courage obscur et préserver l'amour de la patrie de l'injustice et de la vanité, décréta-t-elle (3), sur le rapport de Barrère : Dans tous les corps, le tiers des emplois, depuis le grade de sous-lieutenant jusqu'à celui de chef de bataillon ou d'escadrons inclusivement,

(1) Décret du 1er prairial. Cette école fut supprimée par un décret en date du 18 brumaire an III.

(2) Remportée par Pichegru, 8 messidor (24 juin).

(3) Décret du 1er thermidor.

demeure affecté à la récompense des défenseurs de la patrie qui se seront distingués dans les armées par des traits de bravoure ou des actions héroïques. En conséquence, l'avancement, à compter du jour de la publication du présent décret, aura lieu de la manière suivante : le tiers des emplois énoncés dans l'article précédent sera donné par la Convention ; les deux autres tiers continueront à se donner à l'ancienneté et au choix. Le premier emploi vacant dans un grade sera donné à l'ancienneté, le second au choix, c'est-à-dire par élection, conformément à la loi du 21 février 1793, et le troisième au choix de la Convention.

Le rapport fait par Cochon, au nom des comités de salut public, des finances, de l'examen des marchés et de la guerre, sur la *solde des troupes* (1), remplit plusieurs numéros du *Moniteur*. Je vais citer quelques articles du décret qui l'a suivi.

Le titre Ier comprend les dispositions générales. La solde est composée d'une somme fixe en deniers et de fournitures faites en nature. La solde sera établie à trois taux de solde journalière, savoir : la solde payable aux militaires présents à leur corps ; solde payable aux militaires à l'hôpital, et enfin solde payable aux militaires isolés, en route ou éloignés de leur corps.

Les titres II, III et IV règlent la solde dans ces trois différentes positions.

Le titre V parle des fournitures en vivres et en fourrages. La délivrance des rations de vivres et de fourrages ne sera faite que pour les hommes et chevaux

(1) Décret du 2 thermidor.

présents et effectifs. Les rations seront du même poids et de la même qualité pour tous les grades.

Titre VI. *Des fournitures en effets d'habillement et d'équipement.* — Les officiers n'y ont aucun droit.

Titre VII. *Des dépenses remboursables.* — Les seules dépenses auxquelles il pourra être pourvu par la forme de remboursement seront les dépenses d'entretien des effets d'habillement, équipement et armement des corps ; le logement des militaires auxquels il n'aura pu être fourni en nature; les frais de bureau pour les états-majors des armées et les commissaires de guerre. Le maximum des dépenses d'entretien est fixé à 2 livres 5 sous par mois pour chaque homme d'infanterie, et à 4 livres pour chaque homme de cavalerie.

Titre VIII. *De la comptabilité :*

Section Ire. De la solde ;

Section II. De la comptabilité des effets d'habillement et d'équipement ;

Section III. Des revues et de la tenue des registres.

Cette loi, très-étendue, est accompagnée d'une annexe indiquant le tarif de toutes les soldes dans les différentes positions, les diverses retenues et tous les détails de la comptabilité.

Dans les séances des 26 et 28 nivôse, la Convention adopte la loi sur l'organisation des *commissaires de guerre* (1) et leurs fonctions. Tous les détails de l'ad-

(1) Louis XIV, par un édit du mois d'avril 1704, créa les commissaires ordinaires provinciaux. Ils étaient chargés de faire exécuter les ordonnances de la discipline et police des troupes, de faire des revues, veiller à la distribution des étapes, etc., etc.

ministration militaire, tant dans les places de guerre et autres lieux de garnison ou rassemblements de troupes que dans les camps et armées, sont confiés à des commissaires de guerre ordonnateurs et ordinaires. Il est créé 600 commissaires de guerre, dont 60 commissaires ordonnateurs, 240 commissaires ordinaires de 1re classe et 300 de 2e classe. Il est attaché à chaque armée un commissaire ordonnateur en chef, et il en est aussi placé dans chacune des divisions militaires. Ils ont sous leurs ordres les commissaires ordinaires, et doivent faire, au moins deux fois par an, des tournées dans les places de leur division.

Les succès obtenus par nos armées dans la dernière campagne (1) ayant nécessité une nouvelle distribution de nos forces, elles sont, sur le rapport de Dubois-Crancé, réparties de la manière suivante :

1. Armée du Rhin et Moselle, commandée par Pichegru.
2. Armée de Sambre-et-Meuse, Jourdan.
3. Armée du Nord, Moreau.

Dans le cas où ces trois armées agiraient de concert, le commandement en est décerné au général Pichegru.

4. Armée des Alpes et d'Italie, Kellermann.
5. Armée des Pyrénées orientales, Scherer.
6. Armée des Pyrénées occidentales, Moncey.
7. Armée des côtes de l'ouest, Canclaux.
8. Armée des côtes de Brest (2), Hoche.

(1) Hollande.
(2) A laquelle est réunie celle des côtes de Cherbourg.

A cette époque, trois hommes sont continuellement chargés de prendre la parole à la Convention pour soutenir les projets de décrets présentés par le comité militaire; ce sont Carnot, Dubois-Crancé et Barrère. Ce dernier, dans la séance du 12 pluviôse, propose d'apporter des réformes sérieuses dans l'armée. Les mesures sont si sages et si importantes que je vais résumer ce discours : Vous avez entretenu, dit-il, pendant la campagne dernière, près de 1,100,000 hommes sous les armes. La République a plus de 1,200 bataillons, 500 escadrons et 60,000 hommes d'artillerie. Le comité de salut public et celui de la guerre réunis ne vous dissimuleront pas qu'il existe plusieurs abus qu'il est pressant de réformer avant de commencer une nouvelle campagne. Rappelez toutes les armées à l'organisation simple et uniforme de la loi du 21 février 1793. Toute nomination étrangère aux trois moyens indiqués par la loi est illégale et contraire aux intérêts de l'armée. Robespierre a fait rendre un décret autorisant le gouvernement à choisir des officiers supérieurs dans tous les grades sans distinction ; il en est résulté du bien et du mal. Si vous avez eu à punir des intrigants tels que les Roussin, les Henriot, les Boulanger, vous avez eu aussi beaucoup de généraux qui ont constamment mené nos frères d'armes à la victoire, en remplacement des Custine, des Biron, des Montesquiou, qui trahissaient la patrie. Mais aujourd'hui que les mêmes motifs ne subsistent plus, vous trouverez sans doute qu'il serait injuste d'anéantir l'émulation des volontaires en permettant qu'un individu se dispensât de passer par tous les grades intermédiaires. Au commencement de la révolution, l'Assemblée avait décrété que les emplois appartenant à l'ancienneté seraient donnés à l'ancienneté de service et non de grade; il en est résulté que beaucoup de militaires ont passé du grade de caporal à la tête d'un corps avec une rapidité qui ne leur a pas permis d'acquérir les connaissances nécessaires pour des fonctions aussi importantes. Il est donc nécessaire de remettre à l'ancienneté de grade ce qui était attribué à l'ancienneté de service.

Puis il propose de renvoyer comme volontaires dans les bataillons tous les adjoints d'état-major et aides de camp qui n'appartiennent à aucun corps. Quant à ceux qui ont été choisis, conformément à la loi, dans les différents grades en activité dans l'armée, comme souvent ces officiers n'ont point exercé de fonctions relatives à leur grade, il est indispensable, quand ils seront dans le cas de monter d'un degré, de les faire rentrer dans la ligne, afin que, joignant la pratique à la théorie, ils s'habituent à manier des hommes et sachent faire manœuvrer un bataillon avant de commander une armée.

Il demande, en outre, l'embrigadement complet de toute l'armée dans le plus bref délai, de créer un adjoint aux commissaires de guerre pour chaque demi-brigade, de nommer des inspecteurs généraux près des armées pour surveiller les dépôts, les garnisons, vérifier la situation des magasins, des hôpitaux, etc. Tout officier qui ne sera pas reconnu assez instruit pour la place qu'il occupe, sera tenu de redescendre au grade pour lequel il aura été jugé avoir des connaissances suffisantes. Il termine en démontrant qu'il faut ramener les troupes à une organisation uniforme (1).

J'arrive à la loi du 14 germinal sur l'avancement. L'avancement a lieu de trois manières : un tiers par ancienneté de grade, un tiers par élection, et le dernier tiers à la nomination du corps législatif, sur la présentation du comité de salut public ou du conseil exécutif. L'ancienneté, l'élection et la nomination doivent rouler sur tout le régiment. On commencera par le tour d'ancienneté de grade. Lorsqu'un emploi de chef de brigade sera vacant, il appartiendra toujours au plus ancien chef de bataillon ou d'escadron de la demi-brigade.

Le quartier-maître trésorier ayant rang de lieutenant, les adjudants sous-officiers, le trompette-major ayant rang de maréchal des logis, le brigadier trompette, seront nommés par le conseil d'administration. Le quartier-maître trésorier sera pris parmi les sous-lieutenants.

Les adjudants-majors ne comptent pas dans les compagnies, mais ils sont susceptibles de parvenir aux grades supérieurs de la manière suivante : ils seront électeurs et éligibles pour y concourir dans le cas d'élection. Les adjudants-majors lieutenants ne pourront parvenir au grade de capitaine que par ancienneté ou

(1) Les demi-brigades furent réorganisées sous le Directoire et leur nombre diminué : 110 pour l'infanterie de ligne, 30 pour l'infanterie légère. Elles reprirent seulement le 1er vendémiaire an XII (24 septembre 1803) le nom de régiments.

à la nomination du corps législatif. Ils parviendront également capitaines après dix-huit mois d'exercice de la place d'adjudant-major; et dans tous les cas ils continueront leur service en cette qualité jusqu'à ce qu'ils soient élevés au grade de chef d'escadron.

Les caporaux et brigadiers seront toujours nommés par élection, mais le choix n'aura lieu que dans la compagnie où la place sera vacante, et les seuls volontaires de cette compagnie seront électeurs. Lorsqu'une place viendra à vaquer, tous les volontaires de la compagnie s'assembleront chez le chef de bataillon ou d'escadron et nommeront, à la majorité absolue des suffrages et par scrutin de liste, les six volontaires qu'ils croiront le plus en état de remplir les fonctions de caporal ou brigadier, et *sachant lire et écrire* (1). Cet état sera signé des quatre plus anciens d'âge et remis au chef de bataillon. Cette liste sera réduite par les brigadiers à trois, et les maréchaux des logis procéderont au choix d'un brigadier sur ces trois volontaires.

Le remplacement des maréchaux des logis aura lieu de deux manières : à l'élection et à l'ancienneté. Lorsqu'une place sera vacante au choix, tous les brigadiers du régiment se réuniront dans la salle du conseil d'administration et nommeront, au scrutin de liste, les six brigadiers qu'ils jugeront dignes de cet avancement. Le chef d'escadron rassemblera les maréchaux des logis du régiment, qui réduiront le nombre à trois, et

(1) Le décret du 29 ventôse an II (19 mars 1794) porte que aucun citoyen ne sera promu à des grades militaires s'il ne sait lire et écrire.

ensuite les sous-lieutenants, pour désigner dans ces trois celui qui devra monter au grade de maréchal des logis.

Pour le grade de maréchal des logis chef, les capitaines commandants nommeront le maréchal des logis qu'ils jugeront le plus capable ; il devra être agréé par le conseil d'administration.

Lorsqu'il vaquera à l'élection une place de sous-lieutenant, tous les sous-lieutenants s'assembleront et procéderont, au scrutin de liste, au choix de trois maréchaux des logis sur tout le régiment. Le résultat de cette élection sera présenté aux lieutenants, qui choisiront un des trois pour monter à la place vacante.

Pour les lieutenants et capitaines, même filière.

Tout officier ou sous-officier qui, dans les élections précédentes, aura été compris deux fois dans le nombre des trois candidats présentés pour la place vacante, et qui n'aura pas été choisi, aura droit à la première place qui viendra à vaquer, s'il y est présenté une troisième fois ; il sera nommé alors sur-le-champ, sans aucun scrutin.

Pour le grade de chef d'escadron, le général de brigade et les chefs d'escadron nommeront trois capitaines, pris sur la demi-brigade. Les états de service des trois concurrents seront envoyés au général de division, qui enverra le tout au comité de salut public ou au conseil exécutif. L'un ou l'autre choisira et enverra le brevet au général de division.

Pour les places vacantes à l'ancienneté, les chefs d'escadron les feront remplir, à l'instant de leur vacance, par ceux à qui elles appartiendront de droit.

Lorsqu'une place sera vacante à la nomination du corps législatif, le comité de salut public ou le pouvoir exécutif fera choix du citoyen qui paraîtra le plus digne de la remplir, le présentera au corps législatif, qui le nommera s'il le juge convenable.

Lorsqu'un militaire, de quelque grade que ce soit, se sera distingué à la guerre par une action d'éclat, le général en chef, sur le rapport qui lui en sera fait par le général de division, pourra, s'il juge l'action assez importante, l'élever sur-le-champ au grade immédiatement supérieur. En conséquence, la première place qui viendra à vaquer au choix ou à la nomination du corps législatif, lui appartiendra de droit.

Pendant la révolution, trois lois sur l'avancement ont été votées (1). La première, celle du 21 février 1793,

(1) Jusqu'au 10 mars 1818 aucune loi sur l'avancement n'a paru. Celle du 14 germinal a donc été en vigueur pendant toutes les guerres de l'empire. Napoléon nommait presque toujours ses officiers en vertu du dernier paragraphe, sans abandonner pour cela complétement l'élection et respectant l'ancienneté. Je prends dans sa *Correspondance* deux pièces pour montrer le cas qu'il faisait de l'ancienneté de service :

8260. *Décision.* Paris, 14 nivôse an XIII.

Le ministre de la guerre présente une demande de M. de Montesquiou, fils d'un ancien colonel, sous-lieutenant au 7e chasseurs, pour être nommé lieutenant et attaché à l'état-major du général Davout. — Il faut quatre ans de grade pour être susceptible d'avancement. Je suis étonné que le ministre me propose de pareilles demandes.

8460. *Au maréchal Berthier*, 30 ventôse an XIII.

Mon cousin, je vois avec peine qu'on me propose tous les jours des avancements rapides pour des lieutenants qui ne le sont que de deux, trois et quatre ans, et l'on se croit ancien lorsqu'on se dit de l'an VII, etc., etc.

reconnaît un tiers à l'ancienneté, et les deux autres tiers au choix du bataillon; la seconde, du 1er thermidor an II, admet trois tours : ancienneté, choix du bataillon et choix de la Convention. Les grades revenant au choix du bataillon sont donnés, par ces deux lois, aux suffrages de tous les membres composant la compagnie où les places sont vacantes. Dans la troisième loi, celle dont je viens de citer les principaux articles, il y a les trois tours, mais l'élection a lieu d'une manière toute différente et donne une forte garantie à la moralité des sujets élus.

A partir du 15 thermidor, les sous-officiers et soldats de toutes armes reçoivent une augmentation de solde de deux sous par jour, et elle leur est payée en numéraire. Les chefs de bataillon ou d'escadron, les capitaines, les lieutenants et sous-lieutenants auxquels, d'après le décret du 4 messidor, il devait être fourni un habillement complet moyennant une retenue de 120 livres, le recevront à titre de gratification et sans aucune retenue.

Dans la séance du 30 fructidor il est décidé qu'il y aura six ministres. Les attributions de celui de la guerre sont :

La levée, la surveillance, la discipline, le mouvement des armées de terre;

L'artillerie, le génie, les fortifications, les places de guerre;

La gendarmerie nationale pour l'avancement, la tenue et la police militaires;

Le travail sur les grades, avancements, récompenses et secours militaires ;

Les fournitures, vivres et autres approvisionnements.

L'expérience avait démontré, de la manière la plus convaincante, le vice de l'institution des tribunaux militaires près des armées. Ces tribunaux étaient loin d'atteindre le but que l'on s'était proposé en les formant. Des militaires restaient entassés des mois entiers dans les prisons, quelquefois des années, et de cette lenteur à juger naissait le mal suivant : les juges, touchés de l'aspect de celui qui avait subi une longue détention, l'acquittaient ; il revenait dans son corps, où il portait l'exemple contagieux de ses vices, et l'indiscipline grandissait chaque jour. La Convention décrète (1) : « Tout délit commis par un militaire, ou tout autre individu attaché aux armées ou employé à leur suite, sera jugé à l'avenir par un conseil militaire. Ce conseil sera composé de trois officiers, dont un supérieur, un capitaine et un lieutenant ou sous-lieutenant ; de trois sous-officiers, pris dans les deux grades de sergent et de caporal ; de trois soldats. Il sera présidé par le plus élevé en grade.

« Le prévenu sera acquitté ou condamné à la majorité des voix, excepté pour la peine de mort, à laquelle il ne pourra être condamné qu'à la majorité des deux tiers des membres, majorité à défaut de laquelle la plus douce peine prévaudra.

(1) Sixième jour complémentaire (22 septembre).

« Le prévenu aura le droit de se donner un défenseur officieux pris dans l'armée. »

Ce décret renferme l'énumération de tous les crimes et délits, et des peines qui y sont attachées. Les tribunaux militaires, ceux de police correctionnelle et les officiers de police sont supprimés.

Les conseils de discipline continueront à prononcer sur les fautes qui sont de leur compétence.

Dans la séance du 4 brumaire, on adopte quelques articles additionnels pour compléter l'organisation des conseils de guerre; ils ont rapport aux jugements des officiers supérieurs et généraux.

Un décret du 18 vendémiaire nomme le général Bonaparte au commandement en deuxième de l'armée de l'intérieur. C'est la première fois que ce nom apparaît dans un acte officiel et politique, et bientôt il remplira l'Europe entière du bruit de sa renommée.

Je vais citer le titre IX de la Constitution de l'an III, relatif à la force publique.

276. La force publique se distingue en garde nationale sédentaire et en garde nationale en activité.

277. *La garde nationale sédentaire* est composée de tous les citoyens et fils de citoyens en état de porter les armes.

278. Son organisation et sa discipline sont les mêmes pour toute la République; elles sont déterminées par la loi.

279. Aucun Français ne peut exercer les droits de citoyen, s'il n'est inscrit au rôle de la garde nationale sédentaire.

280. Les distinctions de grades et la subordination n'y subsistent que relativement au service et pendant sa durée.

281. Les officiers de la garde nationale sédentaire sont élus à temps par les citoyens qui la composent, et ne peuvent être réélus qu'après un intervalle.

282. Le commandement de la garde nationale d'un département entier ne peut être confié habituellement à un seul citoyen.

283. S'il est jugé nécessaire de rassembler toute la garde nationale d'un département, le directoire exécutif peut nommer un commandant temporaire.

284. Le commandement de la garde nationale sédentaire, dans une ville de 100,000 habitants et au dessus, ne peut être habituellement confié à un seul homme.

La Convention se sépare le 8 brumaire an IV (30 octobre 1795).

En quelques mots, voici le résumé de ce qui a été dit dans ce faible aperçu de l'organisation de l'armée pendant la Révolution : Aux corps privilégiés de la monarchie, aux milices et aux troupes provinciales succéda l'armée nationale, composée des régiments de ligne, de la gendarmerie, de la garde nationale et des volontaires. La guerre étant déclarée, et le besoin de nouvelles forces s'étant fait sentir, on eut recours successivement aux légions, aux compagnies franches, aux légions étrangères et aux corps levés aux frais de certains citoyens; puis vint l'appel de 300,000 hommes et la levée en masse. Bientôt le peu d'homogénéité de cette armée amena de grands désordres, et il fallut le courage et l'éloquence de Carnot, Barrère et Dubois-Crancé pour décider la Convention à adopter des mesures sages ramenant l'armée à une sorte d'unité. Les bataillons de volontaires furent amalgamés avec les troupes de ligne, les légions et compagnies franches disparurent dans l'infanterie légère. Les comités purent alors donner une vigoureuse impulsion à cette nouvelle armée. En 1793, l'effectif des hommes sous les armes était de 204,000, et de 732,000 en 1795.

Pendant la campagne d'Italie, 1796, deux commissaires, Garau et Salicetti, accompagnaient l'armée. Le général Bonaparte se débarrasse bientôt d'eux, jaloux de l'ombre d'autorité que ces représentants du pouvoir civil avaient gardée sur ses actions. Il signe seul l'amnistie de Cherasco (6 mai), et, à dater de ce moment, le pouvoir des commissaires ne l'inquiète plus. Il forme alors ces victorieuses demi-brigades, qu'il changera bientôt en régiments, pour faire avec eux le tour des capitales de l'Europe.

Pour terminer ce travail, je copierai textuellement le *Moniteur* du 16 ventôse an III (6 mars 1795).

Carnot parle au nom du comité de salut public :

« Depuis Hondschoot jusqu'à la prise de Roses, nous avons 27 victoires, dont 8 batailles rangées; 120 combats de moindre importance; 80,000 ennemis tués, 91,000 faits prisonniers; 116 places fortes ou villes importantes prises, dont 36 après siége et blocus, 230 forts ou redoutes, 3,800 bouches à feu, 70,000 fusils, 1,900 milliers de poudre et 90 drapeaux. Quoique l'intervalle de la bataille de Hondschoot à la prise de Roses soit de dix-sept mois, nous le regardons comme une seule campagne, parce que, par une singularité qui n'est pas la moins remarquable de cette époque extraordinaire, les troupes ont été pendant tout ce temps dans une activité continue; que presque nulle part elles n'ont pris de quartier d'hiver, et que c'est pendant l'hiver même, l'un des plus rigoureux dont on se souvienne, que les plus belles expéditions ont été faites. »

De pareilles paroles dans la bouche de Carnot n'ont pas besoin de commentaires. On voit ce que valait notre armée sous la révolution.

APERÇU DE LA LÉGISLATION MILITAIRE DE 1795 A NOS JOURS

Le Directoire, par la loi du 19 fructidor an VI, établit la *conscription*. Les lois du 28 nivôse an VII et 27 messidor s'occupent des congés absolus et des dispenses et exemptions de service. Ces lois mettaient à la disposition du Directoire 200,000 conscrits.

La conscription est abolie par la Charte du 4 juin 1814, dont le 12e article est ainsi conçu : La conscription est abolie, le mode de recrutement de l'armée de terre et de mer est déterminé par une loi.

La loi du 10 mars 1818 dit, article 1er : L'armée se recrute par des engagements volontaires et, en cas d'insuffisance, par des appels. La durée de l'engagement est de huit ans. Il n'y a ni prime enargent ni prix quelconque. La taille est de 1^{m}.57. Le remplacement existe, ainsi que la substitution de numéros. La durée du service des soldats appelés est de six ans. Les rengagements donnent droit à une haute-paye et à l'admission dans la gendarmerie ou les vétérans de la ligne. Ces vétérans font six ans de service, en sus des six ans que doivent fournir les hommes provenant des appels et des rengagements. Le maréchal Gouvion-Saint-Cyr, promoteur de cette loi, espérait créer ainsi une réserve.

Voici l'opinion de M. de Chateaubriand sur cette loi de 1818; ce discours a été prononcé à la Chambre des pairs, dans la séance du 2 mars 1818 :

« Le projet de loi porte qu'il aura lieu par des en-
« rôlements volontaires et, en cas d'insuffisance, par
« des appels. L'enrôlement volontaire ne peut être là
« que comme une parole de consolation qui ne tire pas
« à conséquence ; car l'appel anéantit de fait l'enrôle-
« ment volontaire... La milice, a-t-on dit, était la con-
« scription, sauf l'égalité. J'adopte cette définition. La
« conscription, selon le ministre de la guerre, est la
« milice avec l'égalité. La conscription, reproduite sous
« le nom d'appel, est à la fois le mode de recrutement
« du despotisme et de la démocratie, et ne peut appar-
« tenir, par cette double raison, à la monarchie con-
« stitutionnelle ; elle est le mode de recrutement sous
« le despotisme, parce qu'elle lève les hommes de force,
« viole les libertés politiques et individuelles, et est
« obligée d'employer l'arbitraire dans son mode d'exé-
« cution. Elle est le mode de recrutement dans la dé-

« mocratie, parce qu'elle ne compte que l'individu, « et établit une égalité métaphysique qui n'existe pas « dans la propriété, l'éducation et les mœurs... L'en- « rôlement volontaire en temps de paix, augmenté, si « besoin est, par des appels en temps de guerre, tel « est le mode naturel de recrutement dans une mo- « narchie libre et constitutionnelle. L'Assemblée na- « tionale elle-même reconnait ce principe... En vain « soutiendra-t-on que les appels ne sont pas la con- « scription ; en vain voudrait-on dire que la Charte, en « déclarant que la conscription est abolie, n'a entendu « parler que du mode de conscription de Bonaparte et « non pas du principe même de la conscription ; je vote « pour le rejet de l'article 6, parce qu'il viole l'ar- « ticle 14 de la Charte, parce qu'il attaque la préroga- « tive royale, parce qu'il n'a aucun rapport au recru- « tement, et qu'il offre une loi à la suite d'une loi. »

La loi du 15 juin 1824 porte la durée du service et les engagements à huit ans. L'article 4 supprime les vétérans. Le contingent annuel, qui avait été fixé à 40,000 hommes par la loi de 1818, est porté à 60,000 hommes.

La loi du 21 mars 1832 complète les dispositions de celle du 10 mars 1818, et en répare les imperfections que l'expérience a fait reconnaître. Elle fait des appels la base du recrutement, tandis que dans la loi précédente, il ne devait être qu'un moyen auxiliaire des engagements volontaires. Elle fixe la durée du service à sept ans, au lieu de six et huit ans. La taille est de 1m.56. Le remplacement existe. Les jeunes gens seront appelés par ordre de numéros, et le contingent divisé en deux classes composées, la première, de ceux qui devront être mis en activité, et la seconde, de ceux qui seront laissés dans leurs foyers.

La loi sur l'avancement dans l'armée est du 14 avril 1832. Elle modifie sur deux points essentiels la législation antérieure : 1° elle diminue les intervalles de temps qui avaient été fixés pour monter d'un grade à un autre; 2° pour certains grades d'officiers supérieurs, elle a augmenté le nombre de ceux qui peuvent être donnés au choix, et diminué le nombre de ceux qui peuvent être acquis par l'ancienneté de service. Elle a stipulé diverses garanties propres à assurer la position des officiers et à prévenir les abus de la faveur. (Art. 21, 22, 23 et 24.)

La loi sur l'état des officiers est du 19 mai 1834, modifiée par l'ordonnance du 23 avril 1838.

En 1855, la loi sur la dotation de l'armée détruit le remplacement et fait disparaître ce principe inscrit dans nos lois militaires, que : « dans les troupes françaises il n'y a ni prime en argent ni prix quelconque d'engagement. »

En 1863, pour diminuer les nombreux rengagements des sous-officiers dont les cadres étaient encombrés, on décide que le montant de la première portion de la prime ne sera délivré qu'à la libération définitive, mais l'intérêt est payé à raison de 3 pour 100 par an.

L'avant-dernière loi, celle du 1er février 1868, maintient le principe de la loi de 1832 sur le vote annuel du contingent divisé en deux parties, composées : la première, des jeunes gens devant être mis en activité de service; la seconde, de tous ceux laissés dans leurs foyers. La durée du service est fixée à cinq ans, après lesquels les hommes servent quatre ans dans la réserve. L'exonération est supprimée, le remplacement rétabli. La taille est abaissée à 1^{m}.55. La garde mobile est instituée, la durée du service y est de cinq ans, et les officiers sont nommés par l'empereur. D'après cette loi, les forces militaires de la France sont décomposées en : 1° l'armée comprenant l'armée active et la réserve; 2° la garde nationale mobile.

La loi du 27 juillet 1872 reconnaît le service militaire personnel, supprime le remplacement et n'admet ni primes en argent ni prix quelconque d'engagement.

Art. 36. Tout Français qui n'est pas impropre au service militaire fait partie :

De l'armée active pendant cinq ans;

De la réserve de l'armée active pendant quatre ans;

De l'armée territoriale pendant cinq ans;

De la réserve de l'armée territoriale pendant six ans.

Le titre IV traite des engagements, des rengagements et des engagements conditionnels d'un an.

FIN

383 — Paris. Imprimerie A. Dutemple, rue Bonaparte, 61.

www.ingramcontent.com/pod-product-compliance
Ingram Content Group UK Ltd.
Pitfield, Milton Keynes, MK11 3LW, UK
UKHW020943180726
13838UKWH00003B/1100

9 782329 403106